ZEITSCHRIFT FÜR ANGEWANDTE GEOLOGIE

HERAUSGEGEBEN VON

DER STAATLICHEN GEOLOGISCHEN KOMMISSION

UND DER ZENTRALEN VORRATSKOMMISSION

DER DEUTSCHEN DEMOKRATISCHEN REPUBLIK

AUS DEM INHALT

AKADEMIE-VERLAG · BERLIN

BAND 8 / HEFT 12
DEZEMBER 1962
SEITE 617–672

Die ZEITSCHRIFT FÜR ANGEWANDTE GEOLOGIE berichtet ständig über folgende Arbeitsgebiete: Geologische Grundlagenforschung und Lagerstättenforschung / Methodik der geologischen Erkundung / Ökonomie und Planung der geologischen Erkundung / Technik der geologischen Erkundung / Geologie und Lagerstättenkunde im Ausland. In der Zeitschrift können alle strittigen Fragen der praktischen Geologie behandelt werden. Die Autoren übernehmen für ihre Aufsätze die übliche Verantwortung.

ZEITSCHRIFT FÜR ANGEWANDTE GEOLOGIE

KOLLEKTIVE CHEFREDAKTION

BAND 8 · DEZEMBER 1962 · HEFT 12

Ein Beitrag zum Nachweis primärer Dispersionshöfe am Beispiel einer Zinnerkundungsbohrung im Raum Mühlleithen/Erzgebirge[1)]

(Mitteilung aus dem Zentralen Geologischen Institut, Berlin)

MANFRED KRAFT, Berlin

1. Aufgabenstellung

Der Suche nach Lagerstätten in tieferen Teilen der Erdkruste kommt zunehmende Bedeutung zu. Das gilt ganz besonders für hochentwickelte Industrieländer mit einem teilweise bereits jahrhundertealten Bergbau, der die zutage ausgehenden bzw. oberflächennahen Lagerstätten schon weitgehend erfaßt hat. Bei der Suche nach neuen Lagerstätten ist daher die Anwendung von speziellen Suchverfahren unerläßlich. Hierzu gehört auch die geochemische Untersuchung von Bohrungen mit dem Ziel, durch den Nachweis lagerstättenanzeigender Kriterien Aussagen über die Lagerstättenhöffigkeit eines Gebiets und im fortgeschrittenen Untersuchungsstadium Aussagen über Lage, Genesis u. a. einer bestimmten Lagerstätte machen zu können.

Durch die vorliegende geochemische Bearbeitung einer Erkundungsbohrung im Bereich der Zinnlagerstätte Mühlleithen sollte geprüft werden, ob und inwieweit sich der im hangenden Nebengestein zu erwartende primäre Dispersionshof der mit der Granitintrusion verknüpften Zinn-Wolfram-Vererzung in der Verteilung bestimmter Elemente widerspiegelt. Sollte sich dabei herausstellen, daß zwischen den Spurenelementgehalten des Nebengesteins und deren Verteilung Beziehungen zum erzbringenden Granit bzw. direkt zur Vererzung bestehen, so würde durch die geochemische Bearbeitung von Bohrungen deren Aussagekraft in vielen Fällen erhöht (vgl. hierzu SOFRONOW 1960, KRAFT 1961, RÖSLER 1961, TISCHENDORF, DÖRNFELD u. a. 1962).

Eine methodische geochemische Untersuchung zum Nachweis von primären Dispersionsaureolen schien uns bei der Bedeutung dieser Frage für die Such- und Erkundungsarbeiten um so notwendiger, als auf diesem Gebiet bisher nur relativ wenige Arbeiten bekannt sind.

Während STARKE & RENTZSCH (1959) für den erzgebirgischen Raum ähnliche Untersuchungen in den Grubenaufschlüssen des Freiberger Reviers durchgeführt haben, wird durch die vorliegende Bearbeitung der Versuch unternommen, eine Bohrung unter der aufgezeigten Zielsetzung auszuwerten. Damit soll zugleich die Anregung für weitere geochemische Bohrlochuntersuchungen unter dieser oder auch anderen Aufgabenstellungen gegeben werden, die im Interesse einer umfassenden Auswertung der wertvollen Bohrungen in allen Untersuchungsstadien notwendig sind.

2. Einige Bemerkungen zur Ausbildung von primären Dispersionshöfen magmatischer Bildungen

Sowohl bei der hypogenen Gesteins- als auch Lagerstättenbildung selbst erfolgt eine Migration der Elemente über den eigentlichen Magmen- bzw. Lagerstättenkörper hinaus in das Nebengestein und erzeugt hier eine Zone mit erhöhten Gehalten bestimmter Elemente, die als Halo oder Dispersionshof bezeichnet wird. Bei der mit „Dispersionshof" bezeichneten Zone um Magmatite oder Lagerstätten braucht es sich nicht immer um Bereiche mit erhöhten Elementgehalten zu handeln, es können auch je nach den Konzentrationsbedingungen der umwandelnden Lösung aus den betreffenden Zonen Elemente weggeführt werden. Diese Zone wird dann folgerichtig als „Auslaugungshof" bezeichnet. Soweit es sich um derartige Auslaugungsvorgänge aus dem Nebengestein bei der Intrusion von Magmatiten handelt, hat v. SZÁDECZKY-KARDOSS (1959) auf die Bedeutung dieser Erscheinungen hingewiesen, bei ähnlichen Vorgängen im Zuge hydrothermaler Mineralisationen z. B. TISCHENDORF (1959, 1961).

Der Vorgang der Nebengesteinsumwandlung (Bildung eines Dispersionshofes) erfolgt sowohl syngenetisch mit der Gesteins- oder Lagerstättenbildung als auch epigenetisch. Die mit der Gesteins- oder Lagerstättengenese syngenetisch verlaufende Migration von Elementen führt zu Dispersionshöfen, die wir als primäre Dispersionshöfe bezeichnen, während die epigenetisch, zumeist unter supergenen Bedingungen entstandenen Dispersionshöfe sekundäre Dispersionshöfe genannt werden (GINSBURG 1957; TISCHENDORF, KRAFT & OESTREICH 1962).

Die Ausdehnung und die Form primärer Dispersionshöfe ist sehr unterschiedlich. Besonders aus dem Bereich der magmatischen Lagerstätten sind einige Arbeiten bekannt, die auf die beträchtliche Ausdehnung primärer Dispersionshöfe bis zu mehreren hundert Metern hinweisen (s. bei GINSBURG 1957). Daraus geht die Bedeutung der primären Dispersionshöfe für Sucharbeiten hervor; denn diese Höfe erweitern den Wirkungsbereich der Lagerstätte und erhöhen somit die Aussichten für das Auffinden nicht zutage ausgehender Lagerstätten, insbesondere bei Sucharbeiten mittels Bohrungen.

Entscheidend für die Ausdehnung und Form von primären Dispersionshöfen magmatischer Lagerstätten und Gesteine sind die Beweglichkeit der Elemente und die Durchlässigkeit der Nebengesteine.

Die Beweglichkeit der Elemente wird von deren Charakter, d. h. ihrer Stellung im Periodensystem, den Druck- und Temperaturbedingungen oder besser den

1) Eingang des Manuskripts in der Redaktion: 26. 9. 1962

Differenzen an zwei verschiedenen Punkten, der Wasserstoffionenkonzentration, dem Redoxpotential und der Konzentration, bestimmt. Auf die Bedeutung der Konzentration auf den Filtrations- und Diffusionseffekt hat KORSHINSKI (1954) hingewiesen.

Unter Filtrationseffekt versteht KORSHINSKI die filtrierende Wirkung einer Gesteinsschicht auf eine durchgehende Lösung, wobei ein Zurückhalten der gelösten Substanz gegenüber dem Lösungsmittel erfolgt. Der Filtrationseffekt ist der Konzentration der Lösung umgekehrt proportional. So beträgt nach OWTSCHINNIKOW (1956) der Filtrationseffekt einer

0,1 n $CuSO_4$-Lösung	7%,
0,01 n $CuSO_4$-Lösung	10%,
0,001 n $CuSO_4$-Lösung	16%.

Der Filtrationseffekt nimmt bei zunehmender Porosität des Nebengesteins und beim Ansteigen der Temperatur ab, dagegen bei ansteigendem Druck zu.

Gegenüber den Infiltrationsvorgängen ist die Diffusion der Elemente in festen Gesteinen nur auf begrenzte Entfernung, im allgemeinen nur bis auf wenige Meter, wirksam und daher für die Migration der Elemente kaum von Bedeutung.

Neben den schon genannten Faktoren, die die Migrationsweite der Elemente bestimmen, dürfen auch die Aktivität des Nebengesteins sowie die Ladung und Teilchengröße der migrierenden Substanz (SAUKOW 1953) nicht unberücksichtigt bleiben.

Die Durchlässigkeit der Gesteine gegenüber migrierenden Lösungen wird bedingt durch ihre Porosität und Klüftigkeit. Intrusive und metamorphe Gesteine besitzen nur eine sehr geringe Porosität und sind daher gegenüber sedimentären, besonders klastischen Gesteinen verhältnismäßig undurchlässig. Da sie aber andererseits relativ stark zerklüftet sind, wobei hier unter Klüften auch feinste Haarrisse zu verstehen sind, ist auch in diesen dichten Gesteinen die Voraussetzung für die Ausbildung von primären Dispersionshöfen im allgemeinen gegeben. Es ist hierbei aber zu berücksichtigen, daß die Migration im wesentlichen von und entlang Klüften und Haarrissen aus erfolgen wird. Die Migration der Elemente auf Klüften, Haarrissen und Intergranularen setzt einen überkritischen Zustand des Transportmediums voraus. Dagegen ist die Migration wäßriger Lösungen auf echte Spalten und Hohlräume beschränkt.

Nach den genannten, die Ausdehnung der primären Dispersionshöfe bestimmenden Faktoren ist zu erwarten, daß besonders leicht flüchtige oder leicht bewegliche Elemente bzw. ihre entsprechenden Verbindungen als Indikatorelemente für primäre Dispersionshöfe hypogener Lagerstätten oder deren erzbringende Intrusiva in Frage kommen. Hierzu gehören in erster Linie Elemente und Verbindungen wie As, Sb, Hg, Bi, Se, Te, F, B_2O_3, CO_2, H_2O, H_2S, SiO_2, P_2O_5, aber auch Elemente wie Ba, Sr, Sn, V, Mo, Zn, Pb und Cu können mitunter beachtliche Migrationsweiten aufweisen (LOVERING u. a. 1948 und weitere Arbeiten bei GINSBURG 1957).

Wenn sich auch das Studium primärer Dispersionshöfe und ihr Nachweis in Bohrungen noch in den Anfängen befinden, kann man doch erwarten, daß die primären Dispersionshöfe zu wichtigen Suchkriterien für tiefer liegende, nicht zutage ausgehende Lagerstätten werden, wie dies heute für die sekundären, unter Oberflächenbedingungen entstandenen Dispersionshöfe für oberflächennahe Lagerstätten bereits zutrifft.

3. Geologische und lagerstättenkundliche Situation des Untersuchungsgebietes

Das Untersuchungsgebiet liegt im südwestlichen Kontaktbereich des sudetisch intrudierten Granits von Eibenstock—Karlovy Vary (Abb. 1). Während der Granitintrusion wurden die epizonal verformten, nach PIETZSCH (1962) ordovizischen Rahmengesteine (Phyllite bis phyllitische Tonschiefer, untergeordnet Quarzit) in einer etwa 1000—1500 m breiten Zone kontaktmetamorph überprägt, wobei Andalusitglimmerfels und -hornfels (innerer Kontakthof = Z10 der geologischen Spezialkarte) und Andalusit-Serizit-Schiefer (äußerer Kontakthof = Z20) gebildet wurden.

Während diese „normale Kontaktmetamorphose" (EBERT 1935) die ganze Umgebung des Granits lückenlos erfaßt hat, sind die nachfolgenden Umwandlungen durch die pneumatolytischen Restlösungen des Granits im wesentlichen an tektonische Zerrüttungszonen geknüpft (EBERT 1935, TEUSCHER 1936).

Besonders im Bereich des Untersuchungsgebietes nehmen die pneumatolytischen Überprägungen einen recht breiten Raum ein. Die pneumatolytischen Restlösungen bewirkten nicht nur die Vergreisung des Granits, Aplits und der Quarzporphyre, sondern führten auch zu einer teilweise intensiven Turmalinisierung und Topasierung der Kontaktschiefer. Eine Kassiteritführung ist nach OELSNER (1952) in allen Umwandlungsprodukten zu beobachten. Die intensivsten Umwandlungserscheinungen finden sich am Schneckenstein und dessen Umgebung. Nach den Untersuchungen von BOLDUAN & RICHTER (1961) treten hier und in der weiteren Umgebung entlang einer erzgebirgisch streichenden Störungszone einzelne Quarzporphyr-Eruptionsschlote auf. Durch die intensive Pneumatolyse sind die Quarzporphyre weitgehend vergreist, d. h. in Topasgreisen umgewandelt worden. An einem solchen vergreisten Quarzporphyr setzt am Schneckenstein eine Reibungsbrekzie von Kontaktschiefer auf, die als eine besonders günstige „Entgasungsbahn" für die pneumatolytischen Restlösungen anzusehen ist und demzufolge vollständig in eine Topas-Quarz-Turmalinschiefer-Brekzie umgewandelt wurde, deren reichliche Topasführung allgemein bekannt ist.

Für den Lagerstättenbereich Schneckenstein ist nach KAEMMEL (1961) für die Vergreisung des Eibenstocker Granits ein jüngerer granitischer Nachschub verantwortlich zu machen, der sich tiefer als 650 m befindet. Die Greisenstöcke des Lagerstättenbereichs sind unmittelbar am Kontakt des Granitmassivs ausgebildet und passen sich dem Kontaktverlauf an, wobei auch der Hornfels randlich vergreist wird. Neben den Greisenstöcken setzen im Granit auch Greisengänge auf, die nach KAEMMEL vorwiegend der Lagerfläche des Granits folgen. Demgegenüber ist die Zinnvererzung innerhalb des Kontakthofes ausschließlich auf 40—75° einfallende Quarz-Turmalin-Gänge mit vergreisten Salbandzonen beschränkt, die früher Gegenstand des Abbaus waren.

Neben der pneumatolytischen Zinn-Wolfram-Vererzung treten hydrothermale Gangtrümer mit Paragenesen auf, die denen der kiesigblendigen Bleierzformation und der Roteisen-Baryt-Formation des Erzgebirges gleichzusetzen sind.

Auf Grund der geologischen Verhältnisse in den vorhandenen Grubenaufschlüssen wurde im Bereich des Untersuchungsgebietes eine für die Greisenbildung günstige Verflachung bzw. sogar Aufkuppelung des Granitkontaktes vermutet. Für diese Annahme sprach auch die Häufung der in diesem Gebiet aufsetzenden Quarz-Turmalin-Zinnstein-

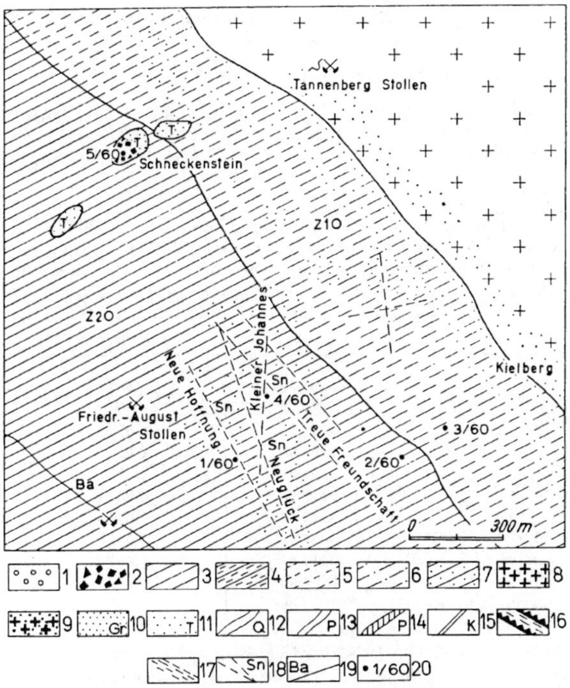

Abb. 1. Schematische Darstellung der geologischen Situation im Untersuchungsgebiet

Legende für die Abbildungen 1–4: 1 — Verwitterungsschutt; 2 — Topas-Quarz-Turmalinschiefer-Brekzie; 3 — Andalusit-Serizit-Schiefer (Z 20); 4 — Andalusit-Serizit-Schiefer, verquarzt und topasiert; 5 — schiefrige Andalusitglimmerfelse (Z10); 6 — dichte andalusitführende Hornfelse (Z10); 7 — Kontaktgesteine (3–6), turmalinisiert; 8 Granit; 9 — Granit, vergreist; 10 — Quarz-Glimmer-Greisen; 11 — Topasgreisen; 12 — Quarzgang (z. T. wolframitführend); 13 — Diabasporphyritgang; 14 — Diabasporphyritgang, kaolinisiert; 15 — Kersantitgang; 16 — Störungszone; 17 — Kluftzone; 18 — Quarz-Turmalin-Trümer mit Zinnvererzung; 19 — Barytgang; 20 — Nr. der Bohrung

Gänge. Die niedergebrachten Bohrungen hatten neben der Untersuchung der Gangvererzung in diesem Gebiet vor allem die Aufgabe, eventuell am Granitkontakt auftretende Greisenkörper nachzuweisen. Hinsichtlich der Ergebnisse dieser Bohrungen sei auf BOLDUAN & RICHTER verwiesen.

Mit der Bohrung 5/60 sollten darüber hinaus Anhaltspunkte über Vererzung und Lage der Topasbrekzie sowie des Granitkontaktes erhalten werden. Lediglich in dieser Bohrung konnte bei 431 m ein wolframitführender Quarzgang nachgewiesen werden.

Die geochemische Bearbeitung mußte sich, ausgehend von dem noch vorhandenen Bohrkernmaterial, leider auf die Bohrung 5/60 beschränken. Sie wurde nicht auf Grund ihrer besonderen Lage oder bestimmter geologisch-lagerstättenkundlicher Gesichtspunkte für die geochemische Bearbeitung ausgewählt.

4. Das petrographische Profil der Bohrung 5/60

Bei der folgenden kurzen, aber in diesem Zusammenhang notwendigen petrographischen Beschreibung der in der Bohrung 5/60 durchteuften Gesteine beziehen wir uns im wesentlichen auf die eingehende petrographische Bearbeitung von BOLDUAN & RICHTER.

Die Bohrung durchteufte bis zu 40,5 m die Topas-Quarz-Turmalinschiefer Brekzie, die als pneumatolytisch umgewandelte Reibungsbrekzie zu deuten ist. Die quarzitisch-serizitischen Schieferbruchstücke sind durch Quarz, Topas und reichlich Turmalin verkittet und der ursprüngliche Mineralbestand der Schieferbruchstücke durch diese Mineralien fast völlig verdrängt, wobei die Verdrängung sehr häufig entlang den Schieferungsflächen erfolgte. Als akzessorische Bestandteile sind in der Brekzie auch Apatit, Chalkopyrit, Malachit, Kassiterit, Wolframit, etwas hellblauer Fluorit und wenig Empleklit gefunden worden.

Bis etwa 52,0 m schließt sich der Brekzie eine Übergangszone mit stark verquarzten und topasierten Andalusit-Serizit-Schiefern an.

Der pneumatolytisch überprägten Übergangszone folgen dann bis 219,5 m Andalusit-Serizit-Schiefer in der für den äußeren Kontakthof typischen Ausbildung. Makroskopisch ist bei ihnen kaum noch eine pneumatolytische Überprägung zu erkennen. Im Mikroskop sind aber auch hier, besonders an Klüften und Störungen, pneumatolytische Verdrängungen festzustellen, was auch für die übrigen noch zu beschreibenden Gesteine zutrifft. Als Andalusit-Serizit-Schiefer werden hier Frucht- und Fleckschiefer sowie Andalusitphyllite verstanden. Die feinschiefrigen 20–25° SW einfallenden Gesteine wechsellagern häufig mit Andalusitglimmerfelsen und enthalten in verschiedenen Horizonten zahlreiche Quarzknauern. Beim Verschwinden der Flecke und Früchte werden die Gesteine als Andalusitphyllite bezeichnet. Die Andalusit-Serizit-Schiefer zeigen folgenden Mineralbestand (nach ihrer Häufigkeit):

Quarz	(viel)
Andalusit	(mittel)
Muskovit/Serizit	(mittel)
Biotit	(wenig)
Turmalin	(wenig)
Chiastolith	(sehr wenig)

(Eisenglanz, Limonit, Pyrit zumeist auf s_1)

Die Schichtenfolge wird bei 67,8 m von einem kaolinisierten 1,1 m mächtigen Diabasporphyritgang unterbrochen.

Von 219,5 m ab wurden Andalusitglimmerfelse durchbohrt, die schließlich bei 345,8 m in dichte, stark verquarzte Hornfelse übergehen. Diese, genauer als schiefrige andalusitführende Biotit-Serizit-Felse und massige, dichte andalusitführende Hornfelse zu bezeichnenden Gesteine, unterscheiden sich von den vorangegangenen im wesentlichen durch ihre undeutliche bis fehlende Schieferung. Durch einen Wechsel von quarzreichen, helleren Lagen mit grünen chloritischen und dunkelbraunen biotitreichen Lagen erhalten sie häufig ein streifiges bis gebändertes Aussehen. Auch hier treten reichlich Quarzknauern in bestimmten Horizonten auf. Gegenüber den Andalusit-Serizit-Schiefern sind die Gesteine des inneren Kontakthofs wesentlich stärker zerklüftet.

Bei 434,1 m wurde der Granit angebohrt, der aber erst unterhalb eines bei 441,4 m durch den Granit setzenden Diabasporphyritganges lagenweise schwach vergreist ist (Quarz-Glimmergreisen). Im Liegenden eines weiteren bei 448,2 m durchbohrten, vollkommen frischen Diabasporphyritganges folgt dann wieder unvergreister Granit bis zur Endteufe von 456,1 m. Der grobkörnige Granit besteht im wesentlichen aus Orthoklas, Albit, Quarz und lithiumhaltigem Biotit sowie unterschiedlichen Gehalten von schwarzem Turmalin. Akzessorisch treten Topas, Zirkon und Apatit auf. Der Quarz-Glimmergreisen als Endprodukt der pneumatolytischen Umwandlung des Granits enthält neben Quarz und Muskovit/Serizit (80–95%) geringe Gehalte von Topas und Turmalin. Eine Kassiteritführung konnte nicht nachgewiesen werden.

Im Hangenden des Granitkontaktes treten zwei Quarzgänge auf, von denen einer neben wenig Molybdänglanz, Pyrit und Fluorit reichlich Wolframit führt. Auffällig für die Bohrung ist die Vielzahl von Haarrissen, Klüften und millimeterfeinen Trümchen, deren Mineralparagenese Quarz, Arsenkies, Pyrit, Zinkblende, Kupferkies und Bleiglanz an die kiesigblendige Bleierzformation Freibergs erinnert.

In Abb. 2 sind die petrographischen Verhältnisse der Bohrung im Säulenprofil dargestellt, wobei aber auf eine Darstellung der zahlreichen Klüfte und Trümer verzichtet wurde und nur die größeren Störungs- und Kluftzonen eingetragen sind.

5. Die geochemische Untersuchung der Bohrung

Wie die vorangestellten Ausführungen zeigen, sind in dem Untersuchungsgebiet die wichtigsten Voraussetzungen für die Ausbildung eines Dispersionshofes im Hangenden eines schwach vergreisten granitischen Magmenkörpers gegeben, nämlich die Klüftigkeit der Kontaktgesteine und das Vorhandensein von — in diesem Falle sogar beachtlichen Menge — leichtmigrierender Komponenten des Magmas, von denen eine „Durchgasung" des hangenden Gebirges zu erwarten ist.

Noch einmal sei darauf hingewiesen, daß durch die vorliegende geochemische Untersuchung versucht werden sollte, die Existenz einer primären Dispersionsaureole an einem granitischen Magmenkörper und seinen Produkten nachzuweisen, wobei also die Existenz schon makroskopisch sichtbarer Kriterien als auch anderer Faktoren ohne prinzipielle Bedeutung für die Lösung dieser Aufgabe war. In diesem Zusammenhang ist hervorzuheben, daß im östlichen Erzgebirge die erzbringenden granitischen Intrusionen vielfach in meso- bis katazonalen Gneisglimmerschiefern bzw. Gneisen stecken, die durch den Granit keine sichtbare kontaktmetamorphe Beeinflussung erfahren haben, wodurch die Bedeutung derartiger geochemischer Untersuchungen noch unterstrichen wird. Weiterhin sei daran erinnert, daß die Vererzung vielfach — und das gilt besonders für Lagerstätten der pegmatitisch-pneumatolytischen Phase — an jüngere mit leichtflüchtigen Komponenten stärker angereicherte granitische Nachschübe gebunden ist. Diese jüngeren Intrusiva sind aber im Normalfall nicht in der Lage, einen Kontakthof im petrographischen Sinne zu schaffen, wenn die mineralfazielle Umbildung des Nebengesteins bereits durch den Hauptmagmenkörper erfolgt ist. Zu ihrem Nachweis müssen also neben tektonischen und geophysikalischen Verfahren geochemische Untersuchungen zur Erfassung des primären Dispersionshofes, hier als „Durchgangshof" vorzustellen, herangezogen werden. Auch für das Untersuchungsgebiet werden durch KAEMMEL jüngere mit den Vergreisungserscheinungen in Beziehung stehende granitische Nachschübe wahrscheinlich gemacht.

Die Bohrung 5/60 ermöglichte nicht nur, die Elementverteilung im Hangenden des Granits zu ermitteln, sondern zugleich auch die Beeinflussung des Nebengesteins von einer Vergreisungszone aus, wie sie die Topasbrekzie darstellt, zu untersuchen.

Probenahme und Probenvorbereitung

Soweit es das vorhandene Kernmaterial zuließ, wurden die Proben nach statistischen Gesichtspunkten, d. h. in etwa konstanten Abständen, entnommen. Um extreme Spitzenwerte von vornherein auszuschalten, sind Inhomogenitäten im Gestein, wie vererzte Trümer, Quarzknauern u. ä., bei der Probenahme soweit als möglich ausgehalten worden. Von der Gesteinsprobe wurden etwa 200 g unter 60 μm zerkleinert und für die Analyse verwendet.

Die Erfahrung hat gezeigt, daß die geochemische Untersuchung einzelner Mineralkomponenten im allgemeinen aussichtsreicher ist als die Analyse der Gesteinsprobe, weil durch die Mineraltrennung die Verhältnisse vereinfacht und leichter übersehbar werden. Die zum Teil sehr dichten und feinverwachsenen Kontaktgesteine erlaubten jedoch nicht, eine Mineraltrennung mit vertretbarem Aufwand durchzuführen, so daß die Gesamtprobe zur Analyse verwendet werden mußte.

Wahl der zu analysierenden Elemente

Bei der Auswahl der für die vorliegende Untersuchung in Frage kommenden Elemente haben wir uns von den schon erörterten Überlegungen leiten lassen, daß in erster Linie leichtbewegliche Elemente oder Verbindungen den primären Dispersionshof charakterisieren werden. Für die Analyse wurden daher folgende Elemente ausgewählt: Sn, Mo, W, Bi, B, F, As, Sr, P, Li, Rb, Na und K, die insbesondere unter überkritischen Bedingungen als leichtflüchtige Anionen, Anionenkomplexe oder Metallhalogenide sehr migrationsfreudig sind. Als weitere Elemente bzw. Verbindungen, die ein ähnliches Verhalten erwarten lassen, in die vorliegende Untersuchung aber nicht einbezogen wurden, wären zu nennen: Sb, Hg, S, Cl, H_2O und eventuell Cs, das nach den bei KAEMMEL angegebenen Analysen in beachtlichen Konzentrationen zu erwarten ist.

Von den analysierten Elementen wurden

spektralanalytisch	Sn, W, Mo, Bi, As
röntgenfluoreszenzspektrometrisch	Sr, Rb und
chemisch quantitativ	B, F, P, Li, Na, K

bestimmt[2]).

Die optische Spektralanalyse der Elemente Sn, W, Mo, Bi und As erfolgte mit dem Quarzspektrographen Q 24 im Wechselstromabreißbogen. Als Nachweislinien für die optische Spektralanalyse wurden folgende Spektrallinien verwendet:

Element	λ (Å)	Nachweisgrenze (%)
Sn	3262,33	0,001
	2839,99	0,001
W	2946,98	0,03
	2896,45	0,03
	4294,61	0,002*)
Mo	3170,35	0,001
	3132,59	0,001
Bi	3067,72	0,001
As	2349,84	0,001
In (als innerer Standard für Sn)	3256,09	
	3039,36	

*) Durch den Einsatz des während der Bearbeitung in Betrieb genommenen Plangitterspektrographen PGS — 2 war es möglich, die Nachweisgrenze des W auf 0,002% herabzusetzen. Es konnten aber nicht alle Proben zusätzlich mit dem neuen Gerät untersucht werden.

Die röntgenfluoreszenzspektrometrische Bestimmung der Elemente Sr und Rb wurde mit einem Röntgenspektrometer der Fa. C. H. F. Müller durchgeführt. Sr wurde bei einer Einstellung 2 Θ 25,14° und Rb bei 2 Θ 26,60° gemessen. Die Nachweisgrenze liegt für beide Elemente bei 0,003%.

Die relativen mittleren Fehler betragen für

Sn (mit In als innerem Standard)	± 5 %
W, Mo, Bi, As	± 15—25%
Sr, Rb	± 3 %

Die chemische Analyse der Borsäure wurde nach einem alkalischen Aufschluß und Destillation als Borsäuremethylester photometrisch mit Chinalizarin vorgenommen. Zur Fluorbestimmung wurde ebenfalls ein alkalischer Aufschluß verwendet, dem sich die Destillation des Fluors anschloß. Die Endbestimmung erfolgte photometrisch mit Aluminon. Phosphor wurde nach der für die Silikatanalyse modifizierten Form mit Zinn(II)-Chlorid und Ammoniummolybdat bestimmt. Die Alkalien wurden durch Aufschluß mit $CaCO_3$ + NH_4Cl in Chloride übergeführt und diese flammenphotometrisch bestimmt (E. WOHLMANN & W. HÖDT 1962).

Die Verteilung der Elemente Sn, B, F, As, Sr, P, Li, Rb, Na, K und Diskussion der Ergebnisse

Die Verteilung der untersuchten Elemente innerhalb der Bohrung ist in Verbindung zu den petrographischen Verhältnissen in Abb. 2 dargestellt. Um die allgemeine Tendenz der Elementverteilung besser hervortreten zu lassen, sind die Kurven der z. T. stark streuenden Analysenwerte geglättet worden. Bei diesem Verfahren wurde von jeweils fünf Analysenwerten das arithmetische Mittel gebildet. Durch schrittweises Verschieben um je einen Analysenwert geht jeder Gehalt (außer am Anfang und am Ende) fünfmal hintereinander in die Mittelwertbildung ein. Die Kurve der so gemittelten Analysenwerte („geglättete Kurve") ist in der zeichnerischen Darstellung über der ungeglätteten Kurve aufgetragen und besonders hervorgehoben.

Eine mehr zusammenfassende Darstellung der Ergebnisse zeigt Abb. 3, in der die arithmetischen Mittel

[2]) Die angewandten Analysenverfahren wurden von Dr. WOHLMANN und Dipl.-Min. SCHINDLER ausgearbeitet.

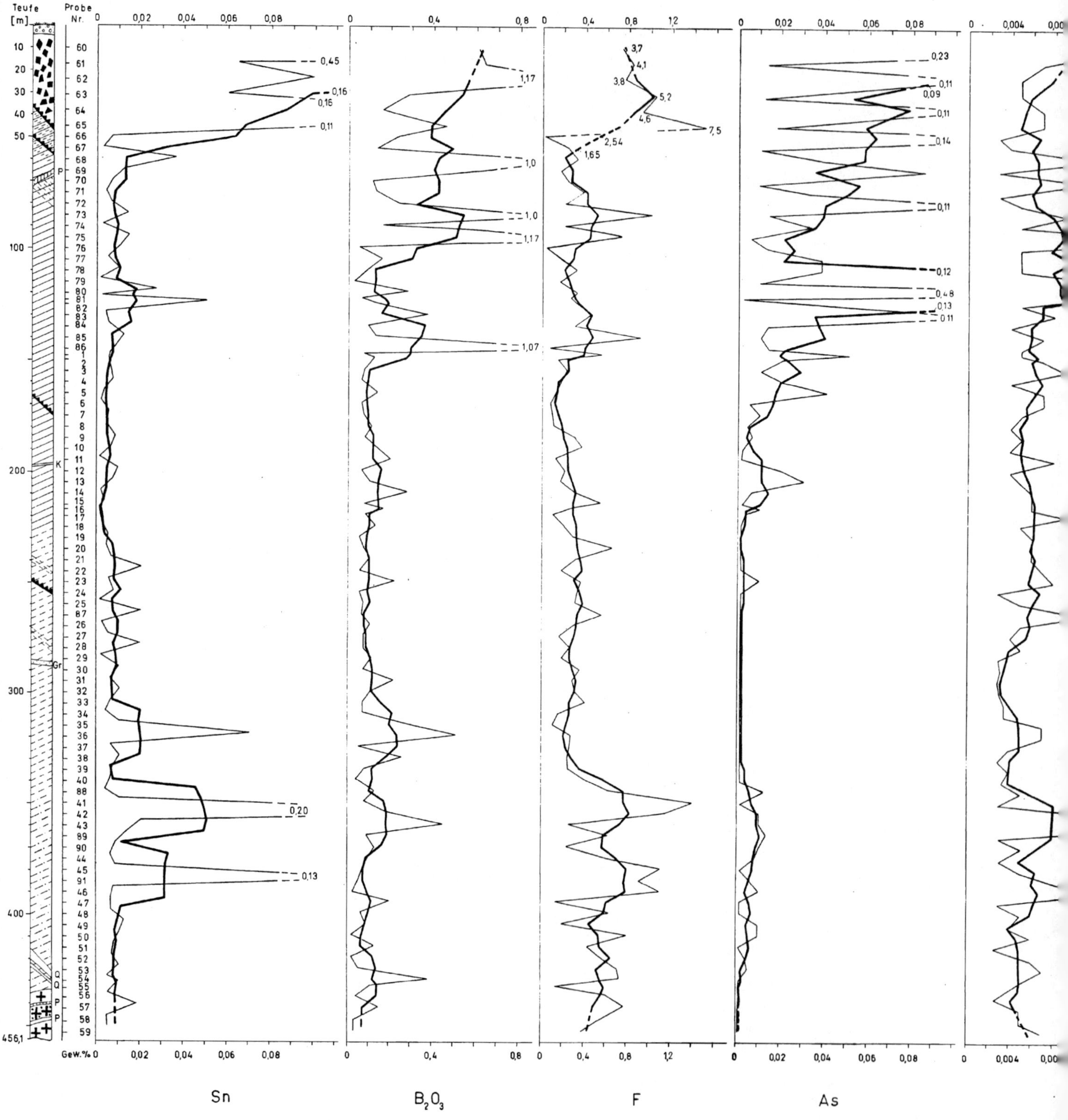

Abb. 2. Die Elementvert

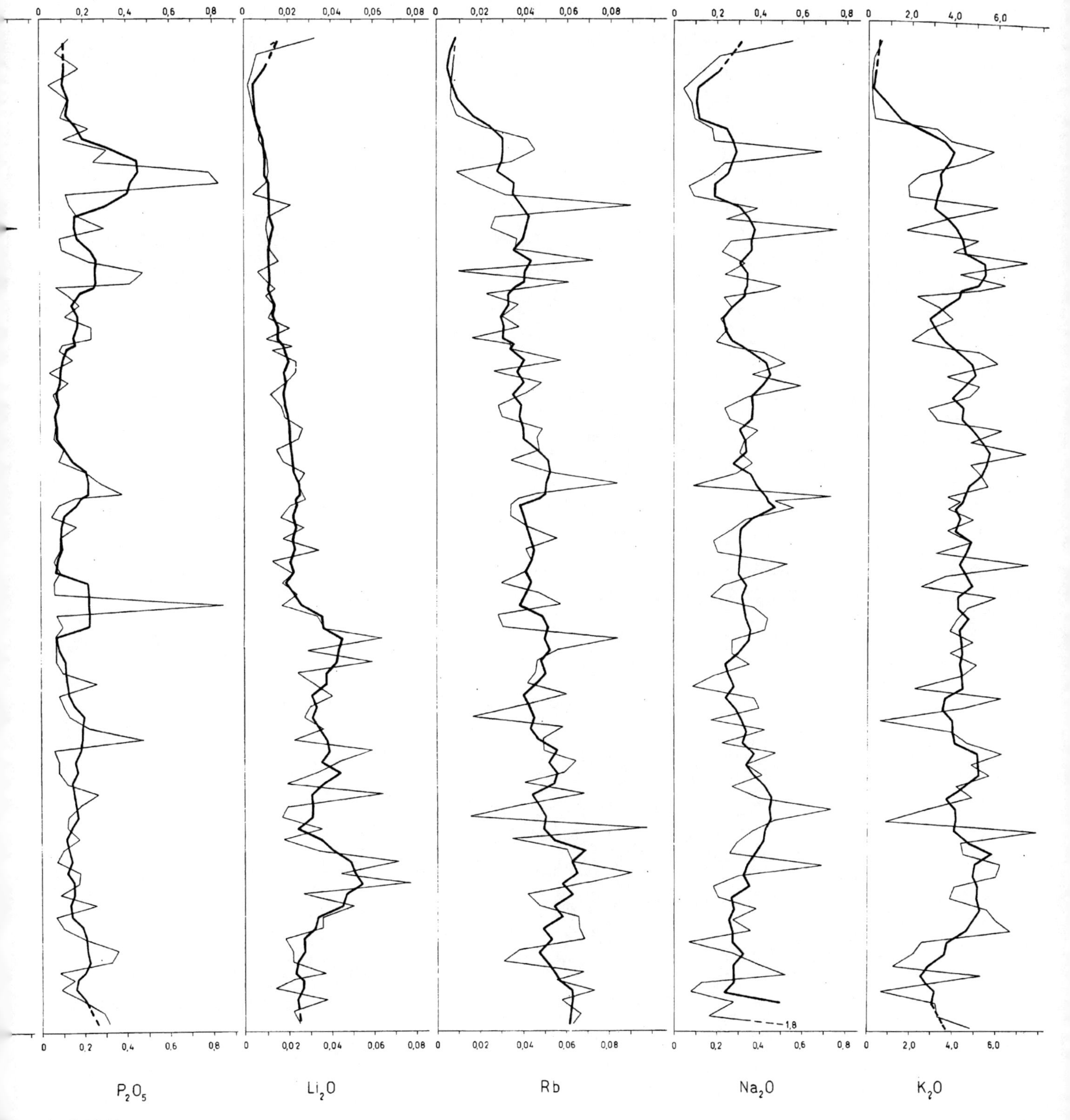

-ung 5/60 Mühlleithen

der Analysenwerte für bestimmte Teufenbereiche eingetragen sind. Diese Teufenbereiche ergaben sich einmal aus dem unterschiedlichen genetischen Charakter der Gesteinstypen (Topasbrekzie, Kontaktgesteine und Granit) und zum anderen, d. h. im Bereich der aus einem $\pm$ einheitlichen Ausgangsprodukt entstandenen Kontaktgesteine, aus der Größe der Gehalte, die ja letzlich die Einflußsphäre sekundärer chemischer Beeinflussungen zeigen. Es wurden also stets solche aufeinanderfolgenden Analysenwerte zu Kollektiven zusammengefaßt und gemittelt, die ähnliche Gehalte zeigen und auch auf Grund ihres Streuungsmaßes zusammengehören. Wie nämlich aus Abb. 2 zu erkennen ist, geben nicht nur die Gehalte, sondern auch die Streuung der Einzelwerte offensichtlich einen gewissen Hinweis auf die sekundäre geochemische Beeinflussung des Nebengesteins. Aus diesem Grunde wurde als Streuungsmaß für die einzelnen Teufenabschnitte das Variabilitätsmaß V nach PEARSON (vgl. hierzu STAMMBERGER 1957)

$$V = \frac{\sigma}{M} \cdot 100$$

V — Variabilitätsmaß, σ — die Standardabweichung, M — das arithmetische Mittel

errechnet und in Abb. 3 mit dargestellt.

Die in Abb. 3 für Granit und Topasbrekzie wiedergegebenen Werte dürfen nicht überbewertet werden. Sie sind nur aus 6 bzw. 4 Einzelwerten ermittelt worden.

Zinn. Die Zinngehalte erreichen erwartungsgemäß in der völlig vergreisten Zerrüttungszone, der Topasbrekzie, ihre höchsten Werte (bis zu 0,45% Sn; im Mittel 0,15%). Im Liegenden der vergreisten Brekzie nehmen die Gehalte — und zwar bereits in der verquarzten Übergangszone — relativ schnell ab. Sie liegen aber mit im Mittel ca. 0,01% deutlich über den Gehalten im darunter folgenden Teufenbereich von etwa 150 —240 m, wo die Zinngehalte mit einem durchschnittlichen Wert von 0,005% das Minimum erreichen. Bis etwa 300 m Teufe steigen die Gehalte wieder an (ca. 0,01%), um schließlich im Hangenden des Granits von etwa 300 m an mit über 0,02% Sn ein zweites Maximum zu erreichen. Im Granit selbst scheinen — soweit sich das aus den wenigen Proben beurteilen läßt — die Gehalte wieder abzunehmen, abgesehen von einer Probe, die aus dem vergreisten Granit stammt.

Die Bereiche erhöhten Zinngehalts im Liegenden der Topasbrekzie und im Hangenden des Granits lassen zugleich auch eine stärkere Streuung der Einzelwerte erkennen. Dagegen liegt der V-Wert für die Topasbrekzie, die als Endprodukt der Vergreisung anzusehen ist, niedriger.

Mit großer Wahrscheinlichkeit darf angenommen werden, daß Zinn im wesentlichen als Zinnstein gebunden vorliegt. Darüber hinaus ist aber in begrenztem Maße auch der Einbau in Silikatstrukturen, in denen Sn^{4+} vor allem Fe^{2+} und Sn^{2+} das Ca^{2+} ersetzt, wahrscheinlich (s. bei RANKAMA 1950). Die sehr häufig zu beobachtende Parallelität zwischen den Zinn- und Fluorgehalten, die sich auch bei der vorliegenden Untersuchung bestätigt hat, ist auf die Migration beider Elemente als leichtflüchtiges SnF_4 in der pneumatolytischen Phase zurückzuführen.

Bor. Auch Bor ist wie Zinn als leichtflüchtiges Element in dem pneumatolytischen Endprodukt der Zerrüttungszone am stärksten konzentriert (0,45% B_2O_3) und zeigt im Liegenden der vergreisten Brekzie mit durchschnittlich 0,35% B_2O_3 bei starker Streuung der Werte einen deutlichen Unterschied zum mittleren Teufenbereich von etwa 150—300 m mit nur 0,1% B_2O_3. Oberhalb des Granits (von 300 m ab) läßt sich dann wieder eine schwache Erhöhung der Gehalte bis auf 0,15% und stärkere Streuung erkennen.

Auf Grund der makro- und mikroskopischen Bearbeitung der Proben läßt sich mit großer Sicherheit annehmen, daß der überwiegende Anteil des Bors im Turmalin gebunden vorliegt, dessen Bildung bis in die hydrothermale Nachphase hineinreicht.

Molybdän, Wolfram, Wismut zeigten nur in der Topasbrekzie nachweisbare Gehalte, während sie in den übrigen Proben bis auf wenige Ausnahmen unterhalb der Nachweisgrenzen lagen. Allerdings dürfte bei künftigem Einsatz des Plangitterspektrographen nach den mit diesem Gerät erzielten Analysenergebnissen auch W als Indikatorelement Bedeutung erlangen.

Fluor. Dieses für die Topasierung notwendige Element ist naturgemäß in der Topasbrekzie am stärksten von allen untersuchten Elementen angereichert (4,8% F). Unmittelbar im Liegenden der Brekzie sinken die Gehalte bis zur Teufe von 150 m auf 0,31% ab, liegen aber deutlich über dem Minimum zwischen etwa 150 und 340 m mit einem Gehalt von nur 0,24%. In einem Bereich von ca. 90—100 m über dem Granit steigen die Gehalte auf einen mittleren Wert von 0,63% an. Auch beim Fluor sind die Teufenabschnitte mit erhöhten Gehalten zugleich auch durch einen höheren Variationskoeffizienten gekennzeichnet.

Das Fluor ist vor allem an Topas und Turmalin, weniger an Fluorit gebunden. Wie die Mineralanalysen von KAEMMEL zeigen, ist es in die Glimmer der Lagerstätte Mühlleithen mit Gehalten zwischen 0,1 und 1% eingebaut.

Arsen. Arsen gehört zu den unter höheren Temperaturen außerordentlich leichtflüchtigen Elementen. Dieser Charakter kommt auch in seiner hier ermittelten Verteilung zum Ausdruck. Der beachtlichen Anreicherung in der Zerrüttungszone (0,085% As) und deren Liegenden bis in eine Teufe von ca. 220 m (mittlerer Gehalt knapp 0,04%) steht eine nur

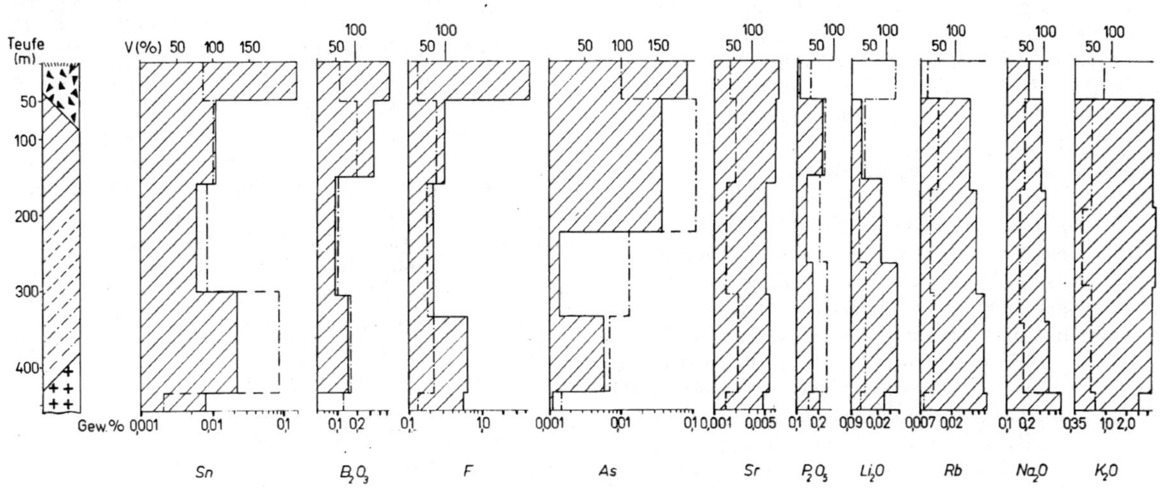

Abb. 3. Darstellung der Mittelwerte und des Variabilitätsmaßes der Elemente in der Bohrung 5/60 Mühlleithen

schwache Anreicherung (0,006% As) sowie geringe Streuung der Werte in Granitnähe gegenüber.

Die Arsenführung dürfte vor allem auf feindispersen Arsenkies sowie etwas Enargit und Fahlerz zurückzuführen sein. Nach den Mineralanalysen bei Kaemmel zeigen auch die Glimmer z. T. geringe As-Gehalte.

Strontium. In der Strontiumverteilung innerhalb der Kontaktschiefer kommen ebenfalls — wenn auch weniger deutlich — die Beziehungen zur vergreisten Brekzie und dem schwach vergreisten Granit zum Ausdruck. Es läßt sich hier die gleiche Tendenz der Gehaltsverteilung und der Streuung der Einzelwerte zum Mittelwert nachweisen. Strontium dürfte als Spurenelement in Glimmern, Feldspäten, Fluorit und Turmalin auftreten.

Phosphor. Auch in der Verteilung des Phosphors zeigt sich die Tendenz einer Anreicherung im Liegenden der Topasbrekzie und im Hangenden des Granits. Im Gegensatz aber zu den beschriebenen Elementen zeigt es eine auffällige Verarmung in der Topasbrekzie selbst.

Die P-Gehalte sind in erster Linie wohl auf akzessorischen Apatit zurückzuführen. Allerdings macht Rankama (1950) unter magmatischen Bedingungen auch den Einbau in Silikatgitter (Si^{4+} — 0,39 Å und P^{5+} — 0,35 Å) wahrscheinlich.

Lithium und Rubidium. Die Alkalimetalle zeigen ein völlig anderes Verhalten. Die Lithium- und Rubidiumgehalte steigen von der Topasbrekzie, wo sie ihren minimalen Wert (0,009% Li_2O und 0,007% Rb) erreichen, mit zunehmender Teufe kontinuierlich an. Ihre durchschnittlichen Gehalte im Hangenden des Granits liegen bei 0,04% Li_2O und 0,04% Rb.

Auffällig sind die gegenüber Strontium (im Mittel 0,006% Sr) wesentlich höheren Rubidiumgehalte (im Mittel 0,04% Rb).

Für beide Elemente darf angenommen werden, daß sie als Spurenelemente bevorzugt in den Glimmern (Li^+ — 0,78 Å und Mg^{2+} — 0,78 Å) auftreten, was auch die Mineralanalysen von Kaemmel zeigen. Li konnte von Kaemmel auch im Turmalin nachgewiesen werden. Rubidium ist darüber hinaus in den Feldspäten der Kontaktgesteine und des Granits zu erwarten (Rb^+ — 1,49 Å und K^+ — 1,33 Å).

Natrium und Kalium sind in der Topasbrekzie — wie nicht anders zu erwarten — ebenfalls verarmt. Während sich Na noch an das Verhalten von Li und Rb anschließt, bleiben die K-Gehalte bis zum Granit hin im Mittel etwa konstant. Allerdings sind auch bei den Alkalien die Bereiche im Liegenden der Brekzie und im Hangenden des Granits durch etwas stärkere Streuung der Einzelwerte gekennzeichnet.

Bei einer vergleichenden Betrachtung der Elementverteilung läßt sich zusammenfassend eine weitgehende Parallelität zwischen Sn, B, F und As feststellen, denen sich — wenn auch weniger deutlich — Sr anschließt, während P gegenüber der Gruppe der Alkalien (Li, Na, K, Rb) eine gewisse Übergangsstellung einnimmt.

Für die erstgenannte Gruppe von Elementen (Sn, B, F, As, Sr und P z. T.) konnten Zonen erhöhter Gehalte sowohl im Liegenden der steileinfallenden Brekzie als auch im Hangenden des Granits nachgewiesen werden. Außer Phosphor weisen die genannten Elemente innerhalb der durch die überkritischen Lösungen vollständig in eine Topas-Quarz-Turmalinschiefer-Brekzie umgewandelten Zerrüttungszone ihre höchsten Gehalte auf. Daraus sind eine Zufuhr von Sn, B, F, As und wahrscheinlich auch Sr während der pneumatolytischen (bis hydrothermalen) Phase und ihre Migration sowohl von der als „Entgasungskanal" dienenden Zerrüttungszone als auch von dem selbst nur schwach vergreisten Granit aus in die zerklüfteten Kontaktschiefer abzuleiten. Die Zonen erhöhten Gehalts sind also genaugenommen als primäre Dispersionsaureolen in bezug auf die pneumatolytische (bis hydrothermale) Phase der granitischen Differentiation, d. h. als wichtige Erkundungskriterien für die Vergreisung, zu werten.

Die Zufuhr von Sn, B, F und As und ihre Migration in das Nebengestein dürften vor allem in Form der leichtflüchtigen Anionen bzw. Anionenkomplexe oder wie im Fall des Zinns als SnF_4 stattgefunden haben. Auch für Phosphor ist eine Migration als Anionenkomplex anzunehmen. Im Gegensatz zu den übrigen Elementen dieser Gruppe zeigt Phosphor in der Topasbrekzie aber eine deutliche Verarmung, die auf seine Mobilisation während der pneumatolytischen Vorgänge hinweist. Kaemmel weist für den Lagerstättenbereich Mühlleithen ebenfalls nach, daß Phosphor durch die Pneumatolyse nicht zugeführt, sondern lediglich umgelagert wird.

In der Verteilung der Alkalimetalle Li, Rb und Na, K, die durch z. T. außergewöhnlich niedrige Gehalte in der Topasbrekzie gekennzeichnet sind, kommt ebenfalls der mobilisierende Charakter der pneumatolytischen Lösungen zum Ausdruck. Unter den extremen Bildungsbedingungen eines Topasgreisens sind offensichtlich nicht nur die Feldspäte (K, Na, Rb), sondern sogar auch die Glimmer (Li, Rb) unbeständig.

Die stetige Zunahme der Elemente Li, Rb und in geringem Maße des Na mit Annäherung an den Granit ist aber nicht allein auf eine Mobilisation von der Topasbrekzie aus, sondern vielmehr auf eine Zufuhr vom Granit zurückzuführen. Die Migration der Alkalien erfolgte wahrscheinlich in Form der leichtflüchtigen und leichtlöslichen Chloride, und zwar unter Bedingungen, die eine Existenz der Feldspäte und Glimmer noch ermöglichten. Die granitische Zufuhr wird durch die Li- und Rb-Gehalte der Kontaktschiefer unterstrichen, die auch in dem Teufenbereich mit minimalen Gehalten den Clarke-Wert noch etwa um das Doppelte übersteigen.

Die zum Granit hin ansteigenden Gehalte der Alkalien (mit Ausnahme des Kaliums) sind aus diesen Gründen ebenfalls als Dispersionsaureolen zu deuten, die aber wahrscheinlich nicht während der pneumatolytischen Phase, sondern syngenetisch mit der eigentlichen Granitintrusion entstanden.

Die Streuung der Analysenwerte um den Mittelwert ist bei allen Elementen in einer Zone unterhalb der Brekzie sowie im Hangenden des Granits größer als im mittleren Teufenbereich. Damit unterstreicht auch die Streuung der Analysenwerte die sekundäre Beeinflussung der Kontaktgesteine von der Zerrüttungszone und dem Granit aus, unabhängig davon, ob es sich um eine Zufuhr der Elemente oder nur um eine pneumatolytische Mobilisation handelt. Wird allerdings durch die Vergreisung ein Endzustand erreicht, wie im Falle der Topasbrekzie, so ist auch die Streuung der Einzelwerte im allgemeinen wieder niedriger.

In Abb. 4 sind Ausdehnung und vermuteter Verlauf der Dispersionshöfe der einzelnen Elemente in Beziehung zur geologischen Situation nochmals zusammenfassend dargestellt. Die Ausdehnung der Dispersionshöfe im Liegenden der Brekzie muß in Beziehung zu dem steilen Einfallen der Zerrüttungszone betrachtet werden. — Die Störungen im mittleren Teufenbereich lassen keine deutliche Beziehung zur Verteilung der Elemente erkennen. Möglicherweise erfolgte ihre Anlage erst nach der Vererzung.

6. Schlußfolgerungen und einige Hinweise für geochemische Arbeiten mit ähnlicher Zielsetzung

Die durchgeführte Untersuchung hat gezeigt, daß die im pneumatolytischen (bis hydrothermalen) Stadium leichtflüchtigen Elemente Sn, B, F, As, Sr und wahr-

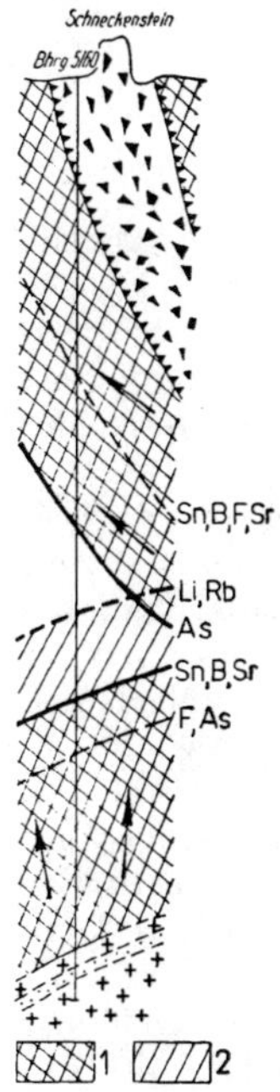

scheinlich auch W während des Vergreisungsprozesses in das klüftige Nebengestein migrieren und hier in einer Ausdehnung bis zu etwa 100 m primäre Dispersionshöfe um die teilweise mit Sn und W vererzten Greisenzonen bilden. Diese mit üblichen analytischen Verfahren nachweisbaren Dispersionshöfe der genannten Elemente können als Such- und Erkundungskriterium für Greisenbildung und die damit verbundene Sn-W-Vererzung gewertet werden. Dagegen sind die Dispersionshöfe der Alkalien, insbesondere von Li und Rb, offenbar syngenetisch mit der Granitintrusion gebildet worden und

Abb. 4. Schematische Darstellung der Dispersionshöfe im geologischen Verband

1 – syngenetisch mit der Vergreisung entstandener Dispersionshof; 2 – syngenetisch mit der Granitintrusion entstandener Dispersionshof

können somit beim Nachweis als höffig anzusehender granitischer Aufwölbungen von Bedeutung sein.

Voraussetzung für die erfolgreiche Durchführung derartiger Untersuchungen ist bei der beträchtlichen Streuung der Gehalte eine Probenahme in relativ engen Abständen und damit die statistische Auswertung einer größeren Zahl von Analysenergebnissen. Als Indikatoren sind in jedem Fall solche Elemente vorzuziehen, die durch das granitische Magma und seine Differentiationsprodukte wirklich zugeführt und nicht nur umgelagert wurden. Dabei sollte man sich nicht auf Untersuchung nur eines Elementes stützen, sondern schlußfolgernde Aussagen stets nur an die Verteilung mehrerer Elemente knüpfen. Ferner sei vor einer schematischen Übertragung der hier angewandten Untersuchungsmethode und erzielten Ergebnisse auf Gebiete mit anderen geologischen Verhältnissen gewarnt. Insbesondere sollte die Auswahl der Indikatorelemente von Fall zu Fall erfolgen, wobei es durchaus denkbar ist, daß andere, hier nicht untersuchte Elemente in dem einen oder anderen Fall den Dispersionshof ebensogut oder noch besser kennzeichnen können.

Zusammenfassung

Der Verf. zeigt, daß die im pneumatolytisch-hydrothermalen Stadium leichtflüchtigen Elemente Sn, B, F, As, Sr und wahrscheinlich auch W während des Vergreisungsprozesses in die klüftigen Nebengesteine migrieren und dort primäre Dispersionshöfe mit einer Ausdehnung von ca. 100 m um die teilweise mit Sn und W vererzten Greisenzonen bilden. Diese mit den üblichen analytischen Verfahren nachweisbaren Dispersionshöfe können als Such- und Erkundungskriterien für eine mit der Greisenbildung zusammenhängende Sn-W-Vererzung eingeschätzt werden. Die Dispersionshöfe der Alkalien sind dagegen offensichtlich syngenetisch mit der Granitintrusion gebildet worden.

Резюме

Автор показывает, что летучие в пневматолито-гидротермальный этап элементы Sn, B, F, As, Sr и, вероятно, и W в процессе грейзенизации мигрируют в трещиноватые вмещающие породы и там создают первичные ореолы размерами примерно в 100 м около оруденённых оловом и вольфрамом зон грейзенизации. Эти ореолы рассеяния, обнаруживаемые обычными аналитическими методами, могут оцениваться в качестве поисково-разведочных критериев для связанного с грейзенизацией Sn-W-оруденения. Ореолы рассеяния щелочей, напротив, были по-видимому образованы одновременно с гранитной интрузией.

Summary

The author shows that the elements Sn, B, F, As, Sr, and probably W too, highly volatile in the pneumatolytic-hydrothermal stage migrate during greisenization into the fissured host rock, where they form primary dispersion halos with an extension of about 100 metres around the greisen zones partly mineralized with Sn and W. These dispersion halos are detectable by common analytical methods, and can be estimated as criteria for the prospection and reconnaissance of an Sn—W mineralization connected with greisening. It is, however, obvious that the dispersion halos of alkalis have been formed syngenetically with the of granitic intrusion.

Literatur

BOLDUAN, H. & P. RICHTER: Bericht über die Zinnerkundungsbohrungen in Mühlleithen im Jahre 1960/61. – Unveröff. Ergebnisbericht der StGK, GD Freiberg 1961.

EBERT, H. u. a.: Erläuterungen zur geologischen Karte von Sachsen, Blatt Klingenthal-Zwota, Mbl. Nr. 5640, 152 (1935).

FUCHS, H., H. GRASSMANN & R. SCHINDLER: Zur Diskussion über die Gesetzmäßigkeiten der Elementverteilung. – WTI d. ZGI, 2, 5, 22–29 (1961).

GINSBURG, I. I.: Versuch einer Ausarbeitung der theoretischen Grundlagen geochemischer Methoden zum Aufsuchen von Erzen bunter und seltener Metalle. – Gosgeoltechisdat, Moskau 1957 (dtsch. Übers. in Vorbereitung).

KAEMMEL, T.: Geologie, Petrographie und Geochemie der Zinnlagerstätte „Tannenberg“ (Vogtland). – Geologie, 10, Beih. 30, 1–105, Berlin 1961.

KORSHINSKI, D. S.: Der Filtrationseffekt in Lösungen und seine Bedeutung in der Geologie. – Nachr. Akad. Wiss. UdSSR, Geol. R., Nr. 2 (1954).

KRAFT, M.: Zur künftigen Gestaltung der geochemischen Prospektion in der Deutschen Demokratischen Republik. – WTI d. ZGI, 2, 1, 78–89, Berlin 1961.

LOVERING, T. S., V. P. SOKOLOFF & H. T. MORRIS: Heavy metals in altered rocks over blind ore bodies, East Tintic district, Utah. – Econ. Geol., 43, 384–399 (1948).

OELSNER, O.: Die pegmatitisch-pneumatolytischen Lagerstätten des Erzgebirges mit Ausnahme der Kontaktlagerstätten. – Freiberger Forsch.-H., C 4, Freiberg 1952.

OWTSCHINNIKOW, L. N.: Die geochemische Beweglichkeit der Elemente nach experimentellen Unterlagen. – Ber. Akad. Wiss. UdSSR, Bd. 109, Nr. 1 (1956).

PIETZSCH, K.: Geologie von Sachsen. – VEB Deutscher Verlag d. Wiss., Berlin 1962.

RÖSLER, H. J.: Möglichkeiten und Perspektiven geochemischer Erkundungsarbeiten in Mitteleuropa. – Ber. Geol. Ges. DDR, 6, 400–407 (1961).

SAUKOW, A. A.: Geochemie. – Gosgeolisdat, Moskau 1952 (dtsch. Übers. ersch. im VEB Verlag Technik, Berlin 1953).

SCHRÖDER M.: Geologische Spezialkarte, Blatt Falkenstein, Mbl. Nr. 5540 (144) mit Erläuterungen. – (1908 und 1909).

SOFRONOW, N. I.: Methodik der Sucharbeiten zum Nachweis verdeckter Erzlagerstätten. – Material d. Tagung d. Geologen der Mitgliederländer des RgW zum Problem „Methodik der geologischen Untersuchung überdeckter Gebiete und des Nachweises nicht zutage ausgehender Lagerstätten“ vom 14. bis 20. Nov. in Prag. Erschienen in dtsch. Übers. im WTI des ZGI, 1, 3, 36–47, Berlin 1960.

STAMMBERGER, F.: Zur Verteilung der Gehalte in Lagerstätten und zu den Charakteristiken der Verteilung. – Z. angew. Geol., 3, 364–368, Berlin 1957.

STARKE, R. & J. RENTZSCH: Geochemische Untersuchungen des Nebengesteins einiger Freiberger Gangformationen. – Geologie, 8, 395–409, Berlin 1959.

SZÁDECZKY-KARDOSS, E. v.: Über Migrationserscheinungen magmatischer und metamorpher Gesteinsbildungsprozesse. – Freibg. Forsch.-H., C 58, 66–92, Freiberg 1959.

TEUSCHER, E. O.: Umwandlungserscheinungen an Gesteinen des Granitmassivs von Eibenstock-Neudeck. – Min. Petr. Mitt., 47, 273–312 (1936).

– Primäre Bildungen des granitischen Magmas und seiner Restlösungen im Massiv von Eibenstock-Neudeck. – Min. Petr. Mitt., 47, 211–262 (1936).

TISCHENDORF, G.: Zur Genesis einiger Selenidvorkommen, insbesondere von Tilkerode im Harz. – Freiberger Forsch.H., C 69, Freiberg 1959.

– Beitrag zum Problem der Migrationserscheinungen magmatischer und erzbildender Prozesse. – Geologie, 10, H. 7, Berlin 1961.

TISCHENDORF, G., G. DÖRNFELD, M. KRAFT & E. LEWIEN: Zur Frage der Definition und der Aufgaben geologischer Arbeiten in Abhängigkeit vom Untersuchungsstadium. – Z. angew. Geol., 8, 242–249, Berlin 1962.

TISCHENDORF, G., M. KRAFT & W. OESTREICH: Zur geochemischen Bearbeitung von Kartierungs- und Suchbohrungen unter besonderer Berücksichtigung der Erfassung lagerstättenanzeigender Kriterien (mit Ausnahme der Salze und der Bitumina). – WTI des ZGI, 3, Sonderh. 7 (in Vorb.), Berlin 1962.

WOHLMANN, E. & W. HÖDT: Bestimmung der Alkalien und besonders kleiner Lithiumgehalte in Gesteinen. – Z. angew. Geol., 8, 425–426, Berlin 1962.

Zur Porosität der Gesteine des „Hauptkarbonats"[1]

O. A. TSCHERNIKOW, Moskau

Das Auftreten industriell nutzbarer Öl- und Gasakkumulationen in den Ablagerungen des „Hauptkarbonats"[2]) zeugt davon, daß in diesem Horizont Gesteine mit günstigen Speichereigenschaften vorhanden sind.

Lithologisch sind die Gesteine des „Hauptkarbonats" durch Dolomite und Kalke mit normalkristalliner, ooidischer und organogener Struktur vertreten. Es sei daran erinnert, daß man bei der Struktur der Karbonatgesteine zwei Hauptbestandteile unterscheidet: 1. die kristalline Mineralmasse, die häufig die Rolle des Bindemittels spielt, und 2. das zu zementierende Material, etwa solches wie bedingt unteilbare Strukturelemente: Ooide, Fragmente der Fauna, Reste (Konzentrationen) von Algen usw.

Die Untersuchung zahlreicher Proben des „Hauptkarbonats" aus Bohrungen und Aufschlüssen gestattete es, zwei Haupttypen der Porenräume festzustellen:

1. Porenräume, die mit den Strukturbesonderheiten der Gesteine zusammenhängen; hier werden unterschieden:
   a) durch ooidische Körper entstandene Poren (Hohlräume in und zwischen den Ooiden),
   b) durch organogene Reste gebildete Porenräume (Hohlräume im Zusammenhang mit Höhlungen in der Fauna, mit Rückständen der Algen).
2. Porenräume, die nicht mit der Strukturcharakteristik der Gesteine zusammenhängen:
   a) Intergranularporosität — die Räume zwischen den einzelnen Kristallen der Karbonate,
   b) Kluftporosität, entstanden durch Verletzung der Gesteinsintegrität außerhalb der Abhängigkeit von der Strukturcharakteristik.

Wir wollen nun jeden aufgezählten Porositätstyp einzeln betrachten und versuchen, die Genese zu bestimmen.

Vom Gesichtspunkt der Entstehung her können die Porenräume der Sedimentgesteine und insbesondere der Karbonate primär und sekundär sein.

Die primären Poren hängen mit dem Charakter der Strukturbestandteile des Sediments und mit gewissen spezifischen Bildungsverhältnissen der Ablagerungen zusammen.

Die sekundären Porenräume entstehen durch sekundäre Veränderungen des Sediments oder des Gesteins, wie Auslaugung, Dolomitisierung, Verdrängung der Kalke, Verletzung der Geschlossenheit der Gesteinskörper unter der Einwirkung verschiedener Faktoren.

In den Gesteinen des „Hauptkarbonats" treten beide genetischen Typen der Porosität auf.

Wie bereits erwähnt, spielen bei der Bildung der mit den Strukturbesonderheiten der Gesteine zusammenhängenden Porenräume die bedingt als unteilbar zu betrachtenden Strukturelemente wie Ooide, Faunenfragmente, Algenreste usw. die Hauptrolle. Die Gesteine des „Hauptkarbonats", in deren Aufbau diese Elemente vorherrschen, entstanden in einem lagunenartigen Becken, in Küstennähe, unter Seichtwasserverhältnissen. Bei der Sedimentation erzeugen die genannten Elemente ein solches Gerüst des Sediments, das seine starke Verfestigung verhindert. In den Bereichen aber, in denen Ooide, Algenreste und Fauna fehlen, geht die Verfestigung des Sediments leicht vonstatten. Hierbei werden die Fluide, die Schlammlösungen, dorthin ausgepreßt, wo ein Gerüst des Sediments existiert. Dort füllen sie die freien Hohlräume der Faunenreste, der Algen und der Ooide usw. aus.

Diese Lösungen spielen bei der Diagenese und Epigenese der Gesteine eine wichtige Rolle. Sie befördern die Ausscheidung großer Kristalle von Calcit, Sulfaten und Steinsalz, welche die Höhlungen der Fauna und der Algen sowie die inneren Teile der Ooide ausfüllen. Bisweilen kommen Hohlräume vor, welche bei freien Porenräumen nur teilweise von kleinsten Karbonatkriställchen inkrustiert sind. Diese Lösungen begünstigen die Umkristallisation des sie umgebenden karbonatischen Materials. Den Vorgang der Umkristallisation kann man besonders deutlich an nachstehenden Fotos beobachten. Hier kommen alle Grade der Veränderung der Ooidkörper vor, von deutlichen Ooiden mit konzentrisch-zonarem Bau bis zu gerundeten Porenräumen, die gleichsam jeglicher Spur der ursprünglichen Ooidstruktur verlustig gegangen sind, die sich gewissermaßen

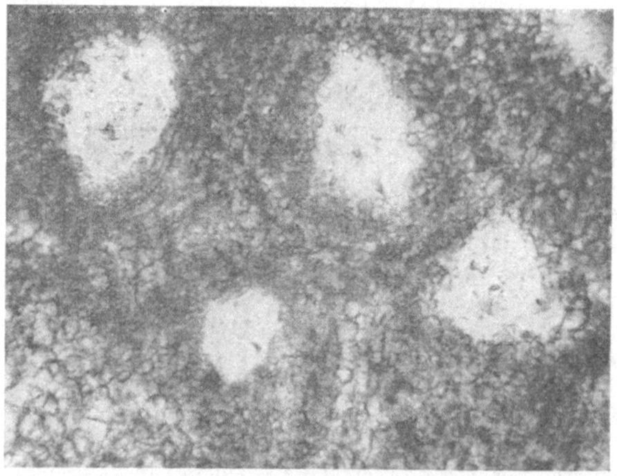

Abb. 1. Schliff durch ooidischen Kalkstein der Bohrung Reinkenhagen 4 (50fach vergrößert)

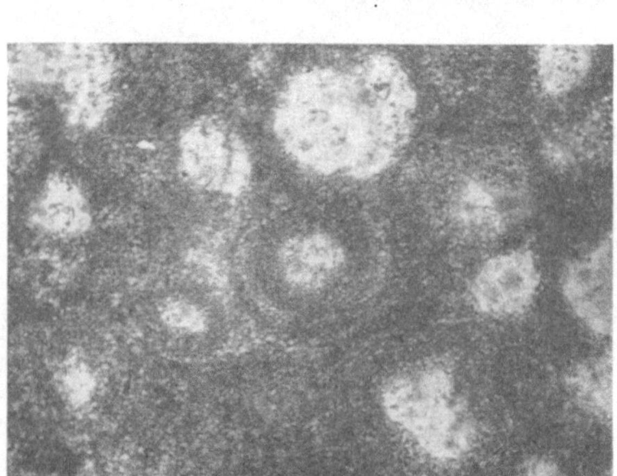

Abb. 2. Schliff durch ooidischen Kalkstein der Bohrung Reinkenhagen 4 (30fach vergrößert)

[1]) Eingang des Manuskripts in der Redaktion: 22. 8. 1962; Übersetzung: W. OESTREICH.

[2]) Verf. bezeichnet als „Hauptkarbonat" den Hauptdolomit des Zechsteins 2 (Ca_2d) und dessen Äquivalente.

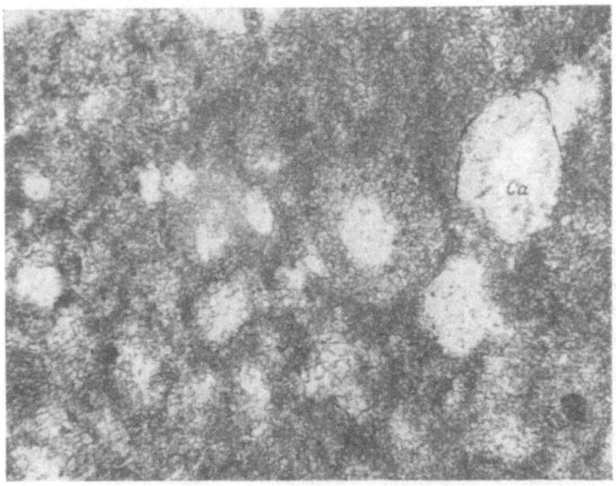

Abb. 3. Schliff durch ooidischen Kalkstein der Bohrung Reinkenhagen 4 (30fach vergrößert)

An die Zentren der Ooide sind die Porenräume oder die Ausscheidungen von Calcitkristallen gebunden.

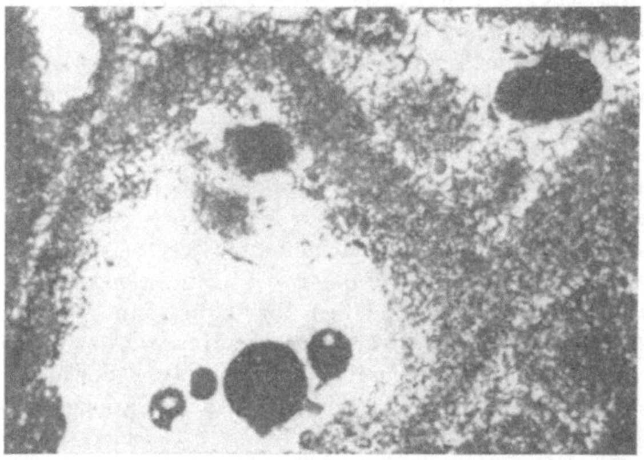

Abb. 4. Schliff durch einen Kalk (mit Algenstruktur) der Bohrung Rheden 8 (55fach vergrößert)

Foto entnommen aus „Erdöl und Kohle", Nr. 9 (1961)

in der umgebenden Mineralmasse aufgelöst haben (Abb. 1—3).

Derartige mit der Strukturcharakteristik der Gesteine des „Hauptkarbonats" zusammenhängende Porenräume müssen zu den primären Poren gerechnet werden. Sie bilden den Haupttyp der Porosität. Mit ihnen steht die Mehrzahl der bekannten Öl- und Gaslagerstätten in den Ablagerungen des „Hauptkarbonats" im Zusammenhang (Mühlhausen, Reinkenhagen, Rheden usw.) (Abb. 4).

Ein gewisser Teil der mit den Strukturbesonderheiten der Gesteine des „Hauptkarbonats" zusammenhängenden Porenräume entsteht durch Auslaugungsprozesse. Die dabei entstandenen Poren sind folglich zu den sekundären zu rechnen.

Diese sekundären Poren kommen am häufigsten in solchen Gesteinen des „Hauptkarbonats" vor, die an der Erdoberfläche der Verwitterung ausgesetzt werden. Dazu gehören die schaumig-porösen Dolomite mit ooidischer Struktur, aus welchen die gut permeablen Schichten des „Hauptkarbonats" auf der Struktur Hainich-Mihla in Thüringen bestehen, schließlich netzartige kavernöse Kalke mit Algenstruktur, die von der Bohrung Schlieben 4 unmittelbar unter Tertiär mit Erosionsspuren aufgeschlossen wurden (Abb. 5).

In den Gesteinen des „Hauptkarbonats" kommen häufig sedimentäre Ausscheidungen von Sulfaten und von Steinsalz vor, die im Verhältnis zu den Karbonaten leichter lösliche Salze darstellen. Diese werden folglich zuerst ausgelaugt. Das gelöste Material kann jedoch nicht abtransportiert werden. Eine Wegführung der Sulfat- und Salzlösungen in die Schichtfolgen des Anhydrits und des Steinsalzes hinein, welche die Ablagerungen des „Hauptkarbonats" nach oben abschließen, ist schlecht möglich. Wir beobachten häufig den umgekehrten Vorgang, nämlich eine Zufuhr von Anhydrit, Gips und Salz in die Gesteine des darunterliegenden „Hauptkarbonats" hinein. Dort erfüllen sie die zahlreichen Klüfte, welche das Gestein durchsetzen.

Eine Verlagerung und Entlastung der Lösungen kann innerhalb des „Hauptkarbonats" selbst erfolgen. Die geringe Durchlässigkeit der Gesteine aber, aus denen es besteht, erschwert die Wanderung der Fluide und macht eine Bewegung über große Entfernungen praktisch unmöglich. Hin und wieder können die Lösungen in die darüberliegenden terrigenen Gesteine der Trias und Gesteine jüngeren Alters weggeführt werden. In diesem Fall aber wurden die Gesteine des „Hauptkarbonats" von den Prozessen der Oberflächenverwitterung erfaßt.

In den Gesteinen des „Hauptkarbonats" haben Loben-Stylolith-Fugen, deren Entstehung mit Lösungsverhältnissen unter Druck zusammenhängt, eine große Verbreitung. Die Diffusionsströme bewegten sich in Richtung des Druckvektors, wobei sie nebenbei Steinsalz, Sulfate und Karbonate lösten und klastische Beimengungen, toniges und bituminöses Material mit erfaßten. Bis zum Erreichen des dichteren Teils des Gesteins — der Barriere — konzentriert sich dieses unlösliche Material längs der Bewegungsfront, wobei es die Stylolithfugen deutlich nachzeichnet (Abb. 6).

Diesen Prozessen der Lösung unter Druck schreiben wir das Auftreten der intergranularen Porosität in den Gesteinen des „Hauptkarbonats" zu. Die intergranulare Porosität entsteht gewöhnlich durch Volumenverkleinerung der Kristalle unter Einwirkung der Dolomitisierung durch Verdrängung der Kalke. In den Gesteinen des „Hauptkarbonats" wurden aber keine Verdrängungsdolomite angetroffen, die Dolomite sind frühdiagenetischer Entstehung. Die intergranulare Porosität in den Gesteinen des „Hauptkarbonats" folgt Be-

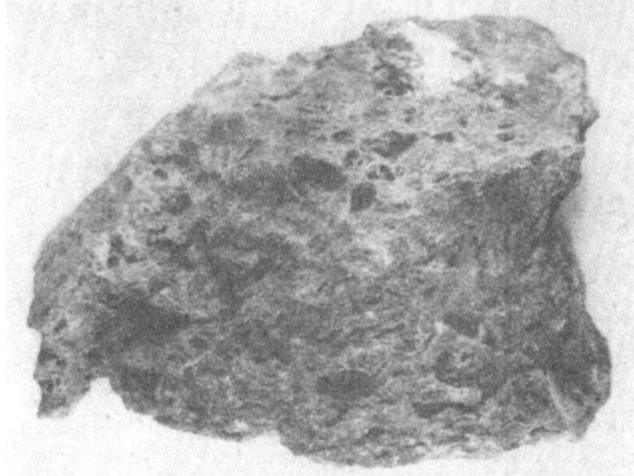

Abb. 5. Kavernöser Kalk mit Algenstruktur aus der Bohrung Schlieben 4

reichen, die von Vorgängen der Umkristallisation der Kalke bei Einwirkung einer Lösung unter Druck erfaßt wurden. Das unlösliche bituminöse Material, das ursprünglich im Gestein fein dispergiert war, konzentriert sich hierbei in den Porenräumen zwischen den großen, bei der Umkristallisation entstehenden Calcitkristallen. Davon zeugen die häufig zu beobachtenden Spuren der Wachstumsbehinderung von Kristallen, die gleichsam eine umschmolzene Form aufweisen (Abb. 7).

Die Bildung der intergranularen Porosität ist daher das Ergebnis sekundärer Prozesse. Sie hängt nicht von der Struktur des Gesteins ab. Das mit der intergranularen Porosität in engem Zusammenhang stehende bituminöse Material ist metamorphosiert, unbeweglich, und es kann keine größeren Akkumulationen bilden. Die Gesteine des „Hauptkarbonats", die intergranulare Porosität aufweisen, sind folglich als exploitationswürdige Speichergesteine nicht interessant.

Die Kluftporosität in den Gesteinen des „Hauptkarbonats" gehört schließlich ebenfalls zum sekundären Typ und hängt nicht von der Struktur des Gesteins ab. Die Kluftporosität entsteht in den meisten Fällen durch Störung des geschlossenen Gesteinskörpers unter dem Einfluß tektonischer Beanspruchungen.

Die tektonische Natur der Klüfte in den Gesteinen des „Hauptkarbonats" wird durch zahlreiche Daten bewiesen. So sind nach den Angaben von W. v. ENGELHARDT die Klüfte einer westdeutschen Gaslagerstätte parallel zur Hauptachse der Struktur gerichtet.

Von der tektonischen Natur der Klüfte in den Gesteinen des „Hauptkarbonats" zeugen auch die Beobachtungen DEUBELs in der Grube von Volkenroda-Pöthen. Er stellte Spalten zweier Richtungen — der herzynischen und der rheinischen — fest, die mit den Hauptrichtungen der tektonischen Störungen zusammenfallen.

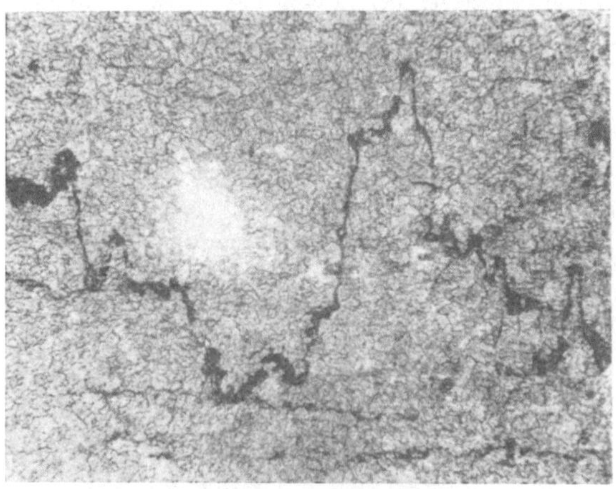

Abb. 6. Stylolithfuge im Kalk der Bohrung Staakow 4 (30fach vergrößert)

Schließlich spricht der Umstand, daß die Kluftporosität den Gesteinen folgt, in denen große tektonische Störungen auftreten, ebenfalls für die tektonische Natur der Klüfte. Letzteres ist bei einer vergleichenden Charakteristik der Gesteine von den Strukturen Mühlhausen und Volkenroda zu ermitteln. Die Struktur Mühlhausen weist keine großen tektonischen Störungen auf, die Kluftporosität der Gesteine des „Hauptkarbonats" geht nicht über 0,005% hinaus. Währenddessen liegt die Struktur Volkenroda in unmittelbarer Nähe des Schlotheimer Grabens und weist zahlreiche Störun-

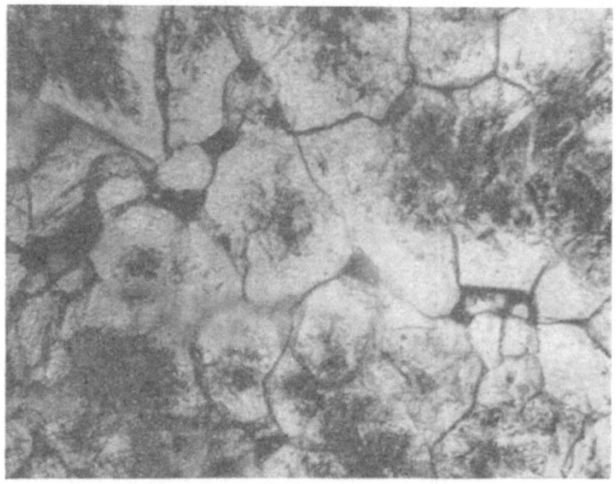

Abb. 7. Intergranulare Porosität

Zu erkennen sind einige umschmolzene Körner. Der Intergranularraum ist mit bituminösem Material erfüllt. Bohrung Staakow 7 (45fach vergrößert)

gen auf. Die Kluftporosität der Gesteine des „Hauptkarbonats" erreicht hier 2% (nach Angaben von N. PLOTNIKOW).

Die Kluftporosität aller in der Welt bekannten Lagerstätten überschreitet nicht 2—3%. Die einzelnen Lager zeichnen sich hierbei durch große räumliche Ausdehnung oder durch große Mächtigkeit der Gesteine aus, die von Klüften durchsetzt werden. In den Ablagerungen des „Hauptkarbonats" wurden bis jetzt noch keine Strukturen mit großer flächenhafter Verbreitung gefunden, und die Ablagerungen des „Hauptkarbonats" gehen nur in Ausnahmefällen über 60 m hinaus. Folglich darf man in den Gesteinen des „Hauptkarbonats", selbst wenn sie Kluftporosität aufweisen und Speichergesteine sind, doch keine großen Ölakkumulationen erwarten.

Aus dem Gesagten folgt, daß als Speichergesteine für industrielle Öl- und Gasakkumulationen diejenigen Gesteine des „Hauptkarbonats" von größerem Interesse sind, die eine primäre, mit den Strukturbesonderheiten der Gesteine zusammenhängende Porosität aufweisen. Gesteine mit sekundärer Kluftporosität (die nicht mit der Struktur der Gesteine zusammenhängt) sind von etwas geringerem Interesse.

Gesteine schließlich, die sonstige sekundäre Porositätstypen in den Ablagerungen des Hauptkarbonats aufweisen, sind als exploitationswürdige Speichergesteine für Öl und Gas uninteressant.

Zum Abschluß müssen wir noch bei der festgestellten Wechselbeziehung zwischen den ausgesonderten Porositätstypen und der faziellen Charakteristik der Gesteine des „Hauptkarbonats" verweilen.

Wie bereits gesagt, folgt die mit den Strukturbesonderheiten der Gesteine zusammenhängende Porosität ausschließlich den unter Seichtwasserverhältnissen entstandenen Ablagerungen, d. h. den Gesteinen der küstennahen Seichtwasserfazies.

Die sekundäre Porosität kann in Gesteinen beliebigen Faziestyps auftreten.

Literatur

BUSCHINSKI, G. I.: Zur Bildung der Stylolith-Fugen. — Nachr. Akad. Wiss. UdSSR, Geol. Reihe, 1961.

DEUBEL, F.: Betrachtungen über das Auftreten von Öl und Gas im Zechstein des Thüringer Beckens. — Geologie, 3, 804—831, Berlin 1954.

ENGELHARDT, W. v.: Der Porenraum der Sedimente. — Berlin 1960.

TEODOROWITSCH, G. I.: Die Lehre von den Sedimentgesteinen. — Gostoptechisdat, Leningrad 1958.

TSCHERNIKOW, O. A.: Zur Rolle des lithologischen Faktors in der Erdölgeologie. — Z. angew. Geol. (in Vorbereitung).

Ergebnisse von Kohlenwasserstoff-Messungen im Gebiet Schlotheim und ihre Problematik[1)]

STEFAN PRÖHL, Leipzig

(Mitteilung aus der Forschungsabteilung des VEB Geophysik, Leipzig)

Allgemeines

Anläßlich der Jahrestagung 1961 der Geologischen Gesellschaft in der DDR haben PRÖHL und BREDEL ein Referat über Grundlagen und einige Ergebnisse von Kohlenwasserstoff-Messungen (Bestimmung des Kohlenwasserstoff-Gehaltes der Bodenluft über Erdöl- und Erdgaslagerstätten) gehalten[2)]. In der vorliegenden Arbeit soll über Ergebnisse erster Übersichtsmessungen mit diesem Verfahren, die auf Meßtischblatt Schlotheim (Thüringer Becken) durchgeführt wurden, sowie über deren Problematik berichtet werden.

Durch Anwendung der gaschromatographischen Spurenanalyse (Anreicherung von 5 l Bodenluft im Gelände an Aktivkohle bei der Temperatur des flüssigen Sauerstoffs, Desorption der Kohlenwasserstoffe im Labor und Aufgabe auf einen mit einer Wärmeleitfähigkeitsmeßzelle arbeitenden Gaschromatographen) wurden in der Bodenluft die Kohlenwasserstoffe C_2H_6, C_3H_8, C_4H_{10} und C_5H_{12} quantitativ bestimmt, wobei die Nachweisgrenze des Verfahrens bei 10^{-6} Vol.-% lag.

Nachdem wir im Sommer 1959 verschiedene Profile am Großen Fallstein und am Forstberg bei Mühlhausen vermessen hatten, sollte durch die Arbeiten im Gebiet Schlotheim geprüft werden, ob das Verfahren auch für Übersichtsmessungen mit großem Punktabstand anwendbar ist und damit zusammenhängende, geologisch deutbare Kohlenwasserstoff-Anomalien erhalten werden können. Mit einem durchschnittlichen Punktabstand von 500 m wurden 508 Meßpunkte netzförmig über das Meßtischblatt verteilt und in der Zeit von Februar bis Juli 1960 auf die Anwesenheit von Kohlenwasserstoffen untersucht.

Geologische und geophysikalische Situation des Meßgebiets

Das Meßtischblatt Schlotheim liegt im nordwestlichen Teil des Thüringer Beckens. Die Oberflächengeologie dieses Gebiets besteht aus Sedimenten der Trias (Oberer Muschelkalk sowie Unterer und Mittlerer Keuper), die teilweise von pleistozänen Ablagerungen überdeckt werden. Holozäne Ablagerungen sind nur in geringem Umfang im Tal der Unstrut und der Notter vorhanden.

Ein charakteristisches tektonisches Element in diesem Gebiet ist der herzynisch streichende Schlotheimer Graben, dessen nordwestlicher Teil sich auf Meßtischblatt Schotheim befindet. Er ist ein Bestandteil der Leuchtenburg-Ettersberg-Schlotheimer Störungszone.

Der Schlotheimer Graben wird im SW von der Schlotheimer Störung (a) (s. Abb. 2) begrenzt, die — nach Untersuchungen von KNIEG (1958) — eine nach NE einfallende Abschiebung mit einer von NW nach SE bis auf 200 m zunehmenden Sprunghöhe darstellt. Die als „Nordwestrand des Schlotheimer Grabens“ (b) bezeichnete Verwerfung ist nach KNIEG durch Auslaugung im Mittleren Muschelkalk entstanden und wird von ihm als „unbedeutende Bruchlinie“ bezeichnet. Die Meinungen über die Bedeutung der Menterodaer Störung (c) gehen auseinander. Während sie von KNIEG als eine nach SW einfallende Abschiebung bezeichnet wird, stellen GRUMBT & LÜTZNER (1961) fest, daß sich diese Störung sowohl über als auch unter Tage nicht sicher nachweisen läßt. Die genannten Autoren empfehlen deshalb, auf Blatt Schlotheim besser von einem „Halbgraben“ zu sprechen.

Wie überall im Thüringer Becken ist auch hier der Hauptdolomit der Staßfurt-Serie des Zechsteins das wahrscheinlichste Erdgas- bzw. Erdölspeichergestein. Seine Teufe schwankt nach Angaben der Reflexionsseismik (HORST 1961) zwischen 620 m und 1040 m unter NN. Die Erdgasführung im Hauptdolomit ist nicht nur an Zonen primären Porenraums (oolithische Fazies nach DEUBEL 1954), sondern auch an sekundären, tektonisch verursachten Porenraum in Form von Klüften gebunden. Der Hauptdolomit wird von z. T. salinaren Schichten des Zechsteins überlagert. Daran schließt sich die Trias an, die lückenlos vom Unteren Buntsandstein bis zum Oberen Muschelkalk bzw. Unteren oder Mittleren Keuper vorhanden ist. „Zwischen dem Salinar und der Trias besteht teilweise disharmonische Tektonik, indem die Sattelachsen des Hauptdolomits gegenüber denen der Trias versetzt sind und im Streichen bis zu 15° voneinander abweichen“ (KAUTER 1959).

Durch Migration kann das Erdgas auch in über dem Hauptdolomit liegende speicherfähige Horizonte gelangt sein. Bekannt sind die Vorkommen im Chirotheriensandstein (Mittlerer Buntsandstein). Auch im Mittleren Muschelkalk wurden Erdgasspuren in nur 50 m Teufe festgestellt (HESSMANN 1959).

Im Westen des Meßgebietes liegt ein Teil der seit langem bekannten Erdgaslagerstätte am Forstberg bei Mühlhausen. Die südöstliche Ecke des Meßtischblattes wird von einem Teil der fündigen Struktur Kirchheilingen eingenommen. Über das übrige Meßgebiet sind verschiedene, nicht fündige Tiefbohrungen verteilt.

Reflexionsseismische Untersuchungen sind im Gebiet Schlotheim von HORST (1961) durchgeführt worden. Die Tiefenlage des dabei erfaßten Horizontes Z_{HD} ist etwa mit der des Hauptdolomits identisch. In Abb. 1 sind die Tiefenlinien des Reflektors sowie dessen Qualität dargestellt. Die Ergebnisse dieser Untersuchungen liefern den hauptsächlichsten Anhaltspunkt für die Interpretation der Kohlenwasserstoff-Anomalien.

Die Ergebnisse gravimetrischer Untersuchungen (CONRAD 1959), die der magnetischen Regionalvermessung des Thüringer Beckens (v. ZWERGER 1934) und auch die der Drehwaagemessung im Schlotheimer Graben (HEYNIG 1960) können hingegen nur wenig zur Deutung der Kohlenwasserstoff-Anomalien herangezogen werden.

1) Eingang des Manuskripts in der Redaktion: 8. 8. 1962.

2) Wird in den Berichten der Geologischen Gesellschaft in der DDR veröffentlicht.

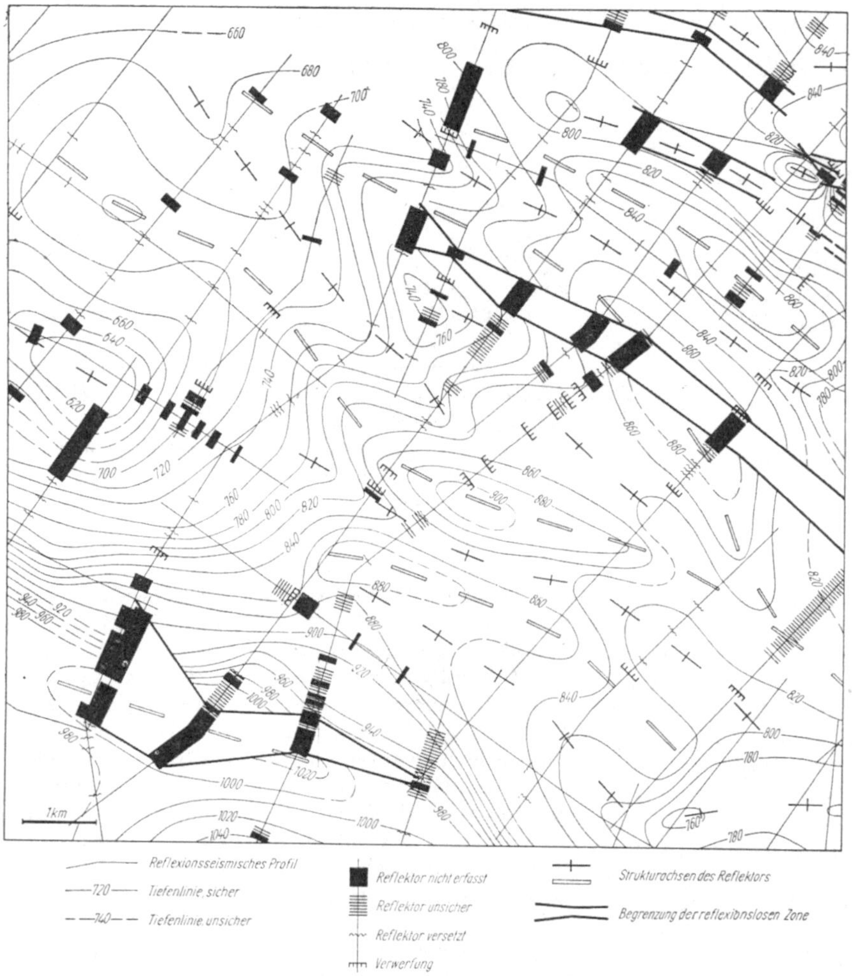

Abb. 1. Ergebnisse reflexionsseismischer Messungen (Isohypsen und Qualität des Horizontes Z_{HD}) im Gebiet Schlotheim (nach W. HORST 1961)

Meßergebnisse

Allgemeines zur Entstehung und Interpretation von Kohlenwasserstoff-Anomalien

Kohlenwasserstoff-Anomalien entstehen durch Migration gas- und dampfförmiger Kohlenwasserstoffe aus Erdöl- und Erdgaslagerstätten zur Erdoberfläche. Da diese Migration nicht immer in vertikaler Richtung erfolgt, können Kohlenwasserstoff-Anomalien in gewisser Entfernung von den sie erzeugenden Lagerstätten auftreten, d. h., die Grenzen der Anomalien müssen nicht mit denen der Lagerstätten übereinstimmen.

Die Anomalien sind häufig nicht zusammenhängend ausgebildet, sondern können eine Gruppe von Flecken bilden. Anomalien mit eng begrenzten, jedoch hohen Konzentrationswerten sind meist auf Störungen im Untergrund zurückzuführen. Die Entstehungsursache der Ringanomalien (Haloeffekt) wurde noch nicht befriedigend geklärt. Eine zusammenfassende Darstellung über Form und Kennzeichen der einzelnen Typen von Anomalien findet man bei KARZEW (1954).

Es muß berücksichtigt werden, daß in geringem Umfang Kohlenwasserstoffe auch in Gebieten außerhalb von Erdöl- oder Erdgaslagerstätten in der Bodenluft vorkommen können, die bei Kohlenwasserstoff-Messungen als Störpegel (background) in Erscheinung treten.

Der Kontrastfaktor einer Anomalie drückt das Verhältnis ihrer durchschnittlichen Konzentrationswerte zur Größe des „background" aus. KARZEW (1954) bezeichnet Kohlenwasserstoff-Anomalien mit Kontrastfaktoren von 1,2 bis 1,5 als schwach, von 1,6 bis 2,0 als normal und von 2 bis 10 als selten. Letzere können bei Anomalien vorhanden sein, die auf eine Migration entlang tektonischer Störungen zurückzuführen sind.

Es muß darauf hingewiesen werden, daß die Konzentration einer Kohlenwasserstoff-Anomalie keinen unmittelbaren Anhaltspunkt für ihre Interpretation darstellt. Es gibt Fälle, bei denen sehr kräftige Gasaustritte an der Erdoberfläche mit Lagerstätten ohne wirtschaftliche Bedeutung verbunden sind, während es auch (besonders bei ungefaltetem Untergrund) möglich ist, daß sich größere Öl- oder Gasvorkommen nicht durch eine Gasanomalie an der Erdoberfläche äußern.

Darstellung der Meßergebnisse

Bei den vorliegenden Messungen wurde für jeden Meßpunkt die Konzentration der Summe der Kohlenwasserstoffe C_2 bis C_5 sowie der Einzelkomponenten ermittelt. Die nachgewiesenen Kohlenwasserstoffe bestanden zum überwiegenden Teil aus Pentan, während Äthan, Propan und Butan nur in geringeren Mengen vorhanden waren.

Die Konzentration der Summe der Kohlenwasserstoffe C_2 bis C_5 (in Konzentrationseinheiten) ist in Abb. 2 dargestellt. Dabei entspricht eine Konzentrationseinheit 1 cm^2 Peakfläche im Chromatogramm. Dies sind ca. 10^{-5} Vol.-%, so daß die verschiedenen Konzentrationsintervalle in Abb. 2 zur Umrechnung in Volumenprozent näherungsweise mit dem Faktor 10^{-5} multipliziert werden können. In bestimmten Intervallen wurden Linien gleicher Kohlenwasserstoff-Konzentration gezogen. Das Intervall von 0,0 bis 5,0 Konzentrationseinheiten wurde nochmals durch die 1,0-Isanomale unterteilt. Die Gebiete außerhalb dieser Linie können praktisch als frei von Kohlenwasserstoffen betrachtet werden.

Der „background" des Gebietes wurde mit 10,0 Konzentrationseinheiten angenommen. Dadurch erhält man Kontrastfaktoren, die den von KARZEW (1954) angegebenen sehr ähnlich sind.

Diskussion der Meßergebnisse

Aus Abb. 2 ist zunächst eine z. T. ausgeprägte E—W-Streichrichtung der Kohlenwasserstoff-Anomalien zu erkennen. Sie kann auf einen Einfluß der Topographie zurückgeführt werden. Die Ergebnisse verschiedener richtungsstatistischer Untersuchungen der Streichrichtung von Kohlenwasserstoff-Anomalien und Isohypsen der Oberfläche sind in Abb. 3 dargestellt und sollen ihren Zusammenhang verdeutlichen, der nicht nur durch die Oberflächengeologie erklärt werden kann.

E—W streichende Achsen wurden auch bei den obengenannten Drehwaagemessungen gefunden. HEYNIG (1960) bezeichnet sie als regionales Element, das in der Schwereübersichtskarte von CONRAD (1959) ebenfalls zum Ausdruck kommt. Eine E—W streichende magnetische Anomalie wies v. ZWERGER (1934) in der Nähe von Schlotheim nach.

Über die Tiefe der Gasquellen, die die einzelnen Anomalien hervorrufen, kann keine Aussage gemacht werden. Auf die Möglichkeit des Auftretens von Gasakkumulationen in Buntsandstein und Muschelkalk wurde bereits hingewiesen.

Im folgenden sollen die einzelnen Anomalien diskutiert werden.

Anomalie I

Diese Anomalie weist eine Maximalkonzentration von 54,1 Einheiten und einen Kontrastfaktor von 2,5 auf. Aus dem Tiefenlinienplan der Seismik ist ersichtlich, daß der Reflektor in diesem Gebiet eine Mulde bildet und eine ausgeprägte reflexionslose Zone vorhanden ist. Die Muldenachse unterteilt die Kohlenwasserstoff-Anomalie fast symmetrisch. Auffallend ist eine relativ hohe Butankonzentration von 21,4 Einheiten. Die Streichrichtungen der Anomalie und der Tiefenlinien des Reflektors weichen nur wenig voneinander ab.

Wenn auch das Vorhandensein einer Öl- oder Gasakkumulation im Untergrund dieses Gebietes — bedingt durch die tiefe Lage des Hauptdolomits — und die damit verbundene Möglichkeit einer Verwässerung nicht sehr wahrscheinlich ist, kann auf Grund der obengenannten Kennzeichen der Anomalie empfohlen werden, sie bei geplanten Erkundungsarbeiten in diesem Gebiet nicht unberücksichtigt zu lassen.

Anomalie II

Im Süden des Meßgebietes ist eine aus zwei Teilen bestehende Anomalienzone vorhanden, deren Maximalkonzentration im westlichen Teil 44,8 Einheiten (Kontrastfaktor 2,2), im östlichen Teil 23,5 Einheiten (Kontrastfaktor 1,8) beträgt. Die Anomalien liegen im Bereich einer Struktur, die — wie reflexionsseismische Ergänzungsmessungen von HORST (1961) zeigen — mit der Struktur Kirchheilingen eine Einheit bildet.

Der westliche Teil der Kohlenwasserstoff-Anomalie streicht etwa senkrecht zu den Isohypsen des Reflektors. Der kleinere östliche Teil liegt im Bereich einer Sattelachse des Reflektors, die hier aus der herzynischen Streichrichtung in die E—W-Richtung umbiegt. Störungen des Reflektors sind im Bereich beider Anomalienteile nicht zu erkennen.

Die Anwesenheit einer Öl- oder Gasakkumulation im Untergrund dieses Gebietes ist auf Grund der Zugehörigkeit zur Struktur Kirchheilingen nicht unwahrscheinlich. Eine Berücksichtigung der Anomalien bei Erkundungsarbeiten erscheint wünschenswert.

Anomalie III

Es handelt sich um eine schwache Anomalie (Maximalkonzentration 16,9 Einheiten, Kontrastfaktor 1,3), die nur durch drei Meßpunkte belegt ist. Sie ist der Struktur Kirchheilingen zuzuordnen.

Anomalie IV

Die Anomalie ist bei einer Maximalkonzentration von 32,7 Einheiten und einem Kontrastfaktor von 3,0 nur durch zwei Meßpunkte belegt. Sie gehört ebenfalls zur Struktur Kirchheilingen.

Abb. 2. Ergebnisse der Kohlenwasserstoff-Messungen (Linien gleicher Konzentration der Kohlenwasserstoffe C_2^-—C_2^-) im Gebiet Schlotheim

Anomalie V

Die Anomalie besitzt mit 67, 9 Konzentrationseinheiten (Kontrastfaktor 3,8) die höchste im Meßgebiet Schlotheim nachgewiesene Konzentration. Sie reicht im NE bis in die Nähe der oberflächengeologisch kartierten Schlotheimer Störung heran und wird von mehreren schwachen Strukturachsen des Reflektors unterteilt, der mit Annäherung an die Schlotheimer Störung (im NE-Teil der Anomalie) gestört ist. Ob die in diesem Teil der Anomalie festgestellte Maximalkonzentration bzw. die gesamte Anomalie auf eine seitliche Migration von Kohlenwasserstoffen aus einer Gasakkumulation zurückzuführen ist, die mit dem Schlotheimer Graben in Verbindung stehen könnte, erscheint fraglich.

Anomalie VI

Diese Anomalie muß als unsicher angesehen werden, da sie nur durch einen Meßpunkt belegt ist. Die nur aus Pentan bestehende Konzentration von 51,4 Einheiten bedingt den sehr hohen Kontrastfaktor von 5,1. Der Meßpunkt liegt in der Nähe der Schlotheimer Störung. Ein reflexionsseismisches Profil zeigt im Bereich der Anomalie mehrere Verwerfungen bei gestörtem Reflektor. Die Ursache dieser Anomalie könnte eine bevorzugte Migration entlang der Störung sein.

Anomalie VII

Die Maximalkonzentration dieser Anomalie beträgt 42,7 Einheiten, der Kontrastfaktor 2,4. Die Anomalie streicht im westlichen Teil E—W, im östlichen Teil NW—SE. Es ist eine auffällige Übereinstimmung der Streichrichtungen der Kohlenwasserstoff-Anomalie und der Tiefenlinien des Reflektors vorhanden. Die Anomalie wird von einer herzynisch streichenden Sattelachse des Reflektors unterteilt und von zwei Muldenachsen mit gleicher Streichrichtung begrenzt. Die strukturelle Lage des Hauptdolomits läßt eine Öl- oder Gasakkumulation im Untergrund als möglich erscheinen, da auch eine Fortsetzung der Erdgaslagerstätte am Forstberg in östlicher Richtung möglich sein kann. Eine Berücksichtigung der Anomalie bei Erkundungsarbeiten kann empfohlen werden.

Anomalie VIII

Die Maximalkonzentration dieser Anomalie beträgt 23,5 Einheiten, der Kontrastfaktor 1,7. Eine im Maximum der Anomalie liegende Bohrung ergab Erdgasspuren. Die Anomalie liegt über einer Mulde des Reflektors, der hier noch über dem Niveau der Randwasserlinie am Forstberg liegt. Auffallend ist die übereinstimmende NNE—SSW-Streichrichtung der Anomalie und der Isohypsen des Reflektors.

Anomalie IX

Die Anomalie besitzt eine Maximalkonzentration von 34,9 Einheiten, der Kontrastfaktor beträgt 1,9. Sie ist mit der obenbeschriebenen Anomalie südlich Volkenroda verbunden. Die Zentralanomalie liegt im Bereich der bekannten Erdgaslagerstätte, während sich die 10,0-Isanomale über die Lagerstätte hinaus erstreckt. Es ist ein ausgeprägtes E—W-Streichen der Anomalie zu erkennen, das auf die Topographie zurückzuführen ist. Es handelt sich um eine unterbrochene Anomalie, da sie nur einen Teil der Lagerstätte einnimmt.

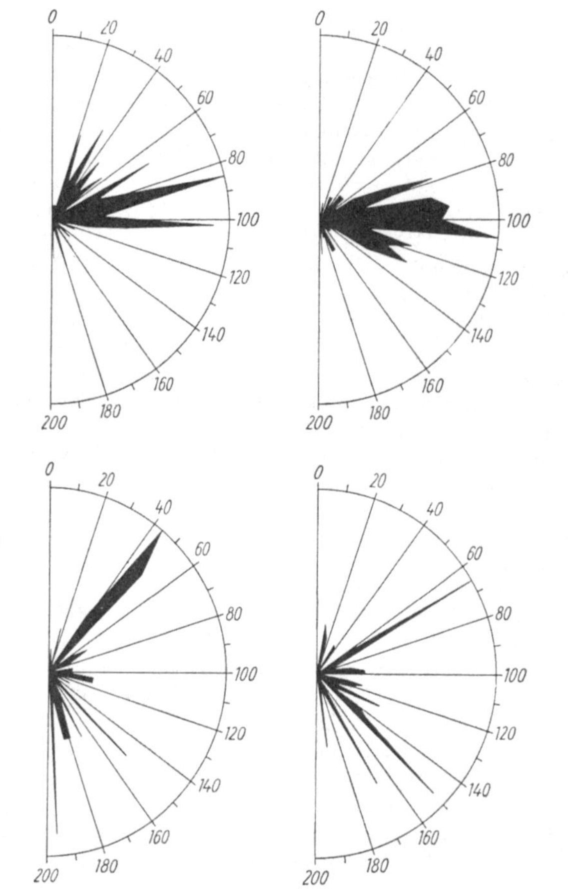

Abb. 3. Ergebnisse richtungsstatistischer Auswertungen von Kohlenwasserstoff-Anomalien und Isohypsen der Erdoberfläche (Anomalien V u. VIII)

Es kann zusammenfassend festgestellt werden, daß vor allem die Anomalien II und VII auf Grund der tektonischen Situation des Reflektors mit einer möglichen Erdgas- oder Erdölakkumulation zusammenhängen könnten. Interessant erscheinen auch die Anomalien I und V, da sie in Gebieten mit gestörtem Reflektor bzw. mit reflexionslosen Zonen liegen.

Problematik der Meßergebnisse

Als problematisch erwies sich bei den vorliegenden Messungen die Reproduzierbarkeit der Meßergebnisse. Bei der Diskussion dieser Frage muß zunächst berücksichtigt werden, daß die Kohlenwasserstoff-Prospektion eine geochemische Erkundungsmethode ist. Man bestimmt dabei die Konzentration einer gasförmigen Komponente, die im Verhältnis von etwa $1:10^6$ bis $1:10^8$ in Luft vorkommt. Es ist verständlich, daß diese Größe Schwankungen unterworfen sein kann, die bei der Messung physikalischer Gesteinseigenschaften im allgemeinen nicht beobachtet werden. Man darf deshalb die bei geophysikalischen Untersuchungsverfahren gestellten Forderungen an die Reproduzierbarkeit der Meßergebnisse nicht auf Kohlenwasserstoff-Messungen und auch nicht auf die übrigen geochemischen Erdöl- und Erdgasprospektionsverfahren übertragen. Leider sind in der Literatur über diese Frage fast keine Hinweise vorhanden.

Bei ersten Kohlenwasserstoff-Versuchsmessungen am Großen Fallstein und am Forstberg bei Mühlhausen haben wir festgestellt, daß auf Profilen, die in kurzem zeitlichem Abstand nochmals vermessen werden, die Konzentrationswerte zwar etwas schwanken können, ihre Tendenz jedoch die gleiche bleibt.

Außerdem haben wir, ebenfalls am Forstberg bei Mühlhausen, Wiederholungsmessungen im zeitlichen Abstand von jeweils zwei Monaten von August bis Dezember 1959 durchgeführt. Dabei zeigte sich eine gewisse Abnahme der Konzentration bei ebenfalls annähernd konstanter Tendenz der gemessenen Werte. Die Ergebnisse dieser Messungen stimmen mit denen von SUBBOTA (1947) gut überein, der ein Maximum der Kohlenwasserstoff-Konzentration im Sommer und ein Minimum im Winter feststellte. Methoden zur Eliminierung dieses Einflusses sind nicht bekannt, von SUBBOTA wird lediglich die Forderung gestellt, die Messungen in einem Gebiet so schnell wie möglich durchzuführen.

An 86 Meßpunkten wurden im Gebiet Schlotheim während der Monate Juni und Juli 1960 Wiederholungsmessungen vorgenommen. Die Ergebnisse waren unbefriedigend. Die Konzentrationswerte lagen im Vergleich zu den ersten Messungen um etwa eine Zehnerpotenz niedriger und spiegelten die alten Anomalien nicht wider. Aus diesem Grund schien es sinnlos, die gefundenen Anomalien — wie vorgesehen — mit einem geringeren Punktabstand näher zu untersuchen.

Die Gründe für diese erstmalig beobachtete Erscheinung sind gegenwärtig noch nicht völlig bekannt. Fehler bei der Probenahme und bei der Analyse scheiden aus. Als wahrscheinliche Ursachen kamen weniger meteorologische Vorgänge (Änderung von Temperatur und Feuchtigkeit des Bodens und des Luftdrucks), sondern vor allem die Tätigkeit von kohlenwasserstoffoxydierenden Bakterien im Boden in Frage. Zwischen beiden besteht eine Wechselwirkung. Untersuchungen von FEHER & FRANK (1937) haben ergeben, daß die Keimzahl im Boden dem Produkt der Temperatur und Feuchtigkeit des Bodens direkt proportional ist.

Die gefundene Abnahme der Kohlenwasserstoff-Konzentration während der Monate Februar bis Juli 1960 stimmt nicht mit den Ergebnissen der genannten Untersuchungen von SUBBOTA überein. Dies könnte darauf zurückgeführt werden, daß von SUBBOTA zusammen mit den Kohlenwasserstoffen auch Distickstoffmonoxyd (N_2O) in der Bodenluft bestimmt wurde. Da dieses nicht an die Anwesenheit von Erdöl- oder Erdgaslagerstätten im Untergrund gebunden ist, sondern ein Produkt von denitrifizierenden Bakterien darstellt, müssen die Ergebnisse der Untersuchungen von SUBBOTA äußerst kritisch eingeschätzt werden.

Trotz der unbefriedigenden Reproduzierbarkeit kann kein Zweifel an der Realität der gefundenen Kohlenwasserstoff-Anomalien bestehen. Es ist keine Bakterienart bekannt, die organisches Material im Boden in Pentan, den Hauptbestandteil der gefundenen Anomalien umwandeln kann. Demnach können die Kohlenwasserstoffe nur durch Migration aus dem Untergrund in die Bodenluft gelangt sein. Dafür spricht auch der enge Zusammenhang mit der Topographie.

Wir haben die Ergebnisse der Wiederholungsmessungen zum Anlaß genommen, eingehende methodische Untersuchungen über die Fragen der Reproduzierbarkeit von Kohlenwasserstoff-Messungen unter Anwendung mikrobiologischer Verfahren durchzuführen. Diese Arbeiten sind gegenwärtig noch nicht beendet, einige Teilergebnisse können jedoch mitgeteilt werden. Sie wurden mit einem gaschromatographischen Analyseverfahren ausgeführt, bei dem durch Anwendung eines Flammenionisationsdetektors das für eine Analyse erforderliche Bodenluftvolumen auf 0,2 l verringert werden konnte. Die Untersuchungen über die Reproduzierbarkeit der Ergebnisse wurden in folgenden Abschnitten durchgeführt.

a) Zunächst wurden unter verschiedenen oberflächengeologischen Bedingungen quadratische Testflächen mit einer Seitenlänge von 5 m, die je 9 Meßpunkte enthielten, vermessen. Damit sollte geprüft werden, wie groß Konzentrationsschwankungen auf geringe Entfernungen sein können. Es zeigte sich, daß der mittlere absolute Fehler maximal 0,7 Konzentrationseinheiten beträgt und damit eine Einzelmessung für ein bestimmtes Gebiet als repräsentativ angesehen werden kann.

b) Durch Vermessungen eines Testprofils, die im Abstand von 1 bis 3 Wochen über einige Monate hinweg durchgeführt wurden, sollte der Einfluß meteorologischer Faktoren auf die Höhe der Kohlenwasserstoff-Konzentration ermittelt werden. Wir bestimmten dazu neben der Bodentemperatur die Bodenfeuchtigkeit und den Luftdruck. Diese Untersuchungen zeigten, daß ein ausgeprägter Einfluß meteorologischer Faktoren nicht zu erkennen ist. Wir konnten — — wie bereits bei früher erfolgten Messungen — eine befriedigende Übereinstimmung der Meßwerte feststellen. Die Reproduzierbarkeit der Meßergebnisse konnte nach diesen Untersuchungen für Zeitintervalle von einigen Wochen als gesichert betrachtet werden.

c) Durch Vermessung eines Testprofils im Abstand von jeweils 4 Wochen wurde im Zusammenhang mit der Bestimmung von Bodentemperatur, Bodenfeuchtigkeit und Luftdruck der jahreszeitliche Gang der Kohlenwasserstoff-Konzentration untersucht. Wir ermittelten dabei zusätzlich den Gehalt an kohlenwasserstoffoxydierenden Bakterien nach dem von SCHÜTZ (1915) angegebenen Zehntelungsverfahren. Die Ergebnisse der bisherigen Untersuchungen (Messungen von Oktober 1961 bis Juni 1962) lassen erkennen, daß trotz der jahreszeitlich bedingten Änderung von Bodentemperatur und Bodenfeuchtigkeit keine Schwankungen der Höhe der Kohlenwasserstoff-Konzentration sowie der Konzentrationsverteilung auf dem Testprofil vorhanden sind. Auch die Zahl der kohlenwasserstoffoxydierenden Bakterien pro Gramm Boden blieb fast konstant.

Diese Ergebnisse geben zu der Vermutung Anlaß, daß die bei den Messungen auf Blatt Schlotheim beobachtete unbefriedigende Reproduzierbarkeit der Meßwerte eine Ausnahmeerscheinung darstellt, deren Ursachen sicher geklärt werden können, wenn man die unter c) genannten Untersuchungen über Zeiträume von mehr als einem Jahr durchführt. Wir beabsichtigen deshalb, diese Untersuchungen auch im nächsten Jahre weiterzuführen.

Da ein kurzfristiger Einfluß durch meteorologische Faktoren auf die Höhe der KW-Konzentration nicht vorhanden ist (b), genügt es, bei Routineuntersuchungen im Meßgebiet ein aus ca. 25 Meßpunkten bestehendes Testprofil monatlich einmal zu vermessen, um eventuell auftretende Konzentrationsänderungen zu erkennen.

Zusammenfassung

Es wird über Ergebnisse von Kohlenwasserstoff-Messungen (Bestimmung des Kohlenwasserstoff-Gehaltes der Bodenluft) berichtet, die im Gebiet von Schlotheim (Thüringer Becken) durchgeführt wurden. Die dabei gefundenen Anomalien werden im Zusammenhang mit reflexionsseismischen Meßergebnissen diskutiert. Den Schluß der Arbeit bilden Hinweise auf Untersuchungen zur Frage der Reproduzierbarkeit von Kohlenwasserstoff-Messungen.

Резюме

Сообщается о результатах проведенных в районе Шлотхейм (Тюрингенский бассейн) измерений углеводородов (определений содержания углеводородов в почвенном воздухе). Обнаруженные при этом аномалии обсуждаются в связи с результатами, полученными при работе по методу отраженных волн. Заключение работы составляют указания на исследования по вопросу воспроизводимости измерений углеводородов.

Summary

Results of hydrocarbon measurements carried out in the area of Schlotheim (Thuringian basin) are reported (determination of the hydrocarbon content of the ground air). Anomalies found during the measurements are discussed in connection with seismic reflection measuring results. The paper concludes with investigations dealing with the reproducibility of hydrocarbon measurements.

Literatur

CONRAD, W.: Zwischenbericht über Gravimetermessungen im Thüringer Becken. — Archiv VEB Geophysik, Leipzig 1959.

DEUBEL, F.: Betrachtungen über das Auftreten von Erdöl und Erdgas im Zechstein des Thüringer Beckens. — Geologie, 3, 6/7 (1954).

FEHÉR, D. & M. FRANK: Experimentelle Untersuchungen über den Einfluß der Temperatur und des Wassergehaltes auf die Tätigkeit der Mikroorganismen des Bodens. — Archiv für Mikrobiologie, 8, 3, S. 249 (1937).

GRUMBT, E. & H. LÜTZNER: Bericht über die Neukartierung der Meßtischblätter Keula und Schlotheim. — Ber. Geol. Ges. in der DDR, 6, H. 4, S. 479–484 (1961).

HESSMANN, W.: Neue Ergebnisse der Strukturerkundung und Erdgassuche im Thüringer Becken. — Z. angew. Geol., 5, 9, S. 377 (1959).

HEYNIG, R.: Abschlußbericht über Drehwaagemessungen im Gebiet Schlotheimer Graben. — Archiv VEB Geophysik, Leipzig 1960.

HORST, W.: Abschluß- und Zusatzbericht über reflexionsseismische Messungen im Gebiet Schlotheim. — Archiv VEB Geophysik, Leipzig 1961.

KARZEW, A. A., Z. A. TABASARANSKIJ, M. I. SUBOTTA & G. A. MOGILEWSKIJ: Geochimitscheskie metody poiskowi raswedki neftjanych i gasowych mestoroschdenij. — Gostoptechisdat, Moskau 1954.

KAUTER, K.: Erdölgeologische Exkursion zu den Antiklinal-Strukturen im Nordwestteil des Thüringer Beckens. — Exkursionsführer Thüringer Becken, Akademie-Verlag, Berlin 1959.

— Erdölgeologische Probleme der Thüringischen Erdgaslagerstätten. — Ber. Geol. Ges. DDR, 4, 4, S.281 (1959).

KNIEG, N.: Zur Tektonik des westlichen Schlotheimer Grabens (Thüringer Becken). — Abhandlungen zur Geotektonik Nr. 14, Akademie-Verlag, Berlin 1958.

SCHÜTZ, F.: Die Berechnung des Coli-Titers mit Hilfe der Wahrscheinlichkeitsrechnung. — Zeitschrift für Hygiene, 80, S. 280 (1915).

SUBBOTTA, M. I.: Kompleksnoe isutschenie pritschin sezonnosti pokazatelej gasowoi semki. — Neftjanoe Chosjaistwo, 25, 7, S. 13 (1947).

ZWERGER, R. v.: Tektonik, Anomalien des Erdmagnetismus und Erdölhöffigkeit in Mitteldeutschland. — Kali, verwandte Salze und Erdöl, 28, S. 72 (1934).

Anwendungsmöglichkeit hydrodynamischer Untersuchungen für das Aufsuchen abgeschirmter Erdöllager[1]

I. G. STJOPIN, Moskau

Hydrodynamische Untersuchungen geben die Möglichkeit, über die wichtigsten physikalischen Parameter eines Speichers auf erheblichen Flächen zwischen den zu untersuchenden Bohrungen und seitlich von ihnen Angaben zu erhalten. Sie stellen damit eine wesentliche Ergänzung der üblichen Methoden dar, die nur einen geringen Bereich im Umkreis um eine Sonde zu untersuchen gestatten.

Diese Arbeiten erlauben es, sich mit der Untersuchung des Charakters hydrodynamischer Zusammenhänge zwischen den Bohrungen zu befassen. Sie ermöglichen das Auffinden verschiedener undurchlässiger Grenzen und Abschirmungen in Speichern und verfeinern und ergänzen die Vorstellungen über den geologischen Bau der Erdöllagerstätten und der einzelnen Erdöllager.

Eine der Hauptmethoden hydrodynamischer Untersuchungen ist die Hydroerkundung (JAKOWLEW 1953). Ihren Hauptinhalt bilden hydrodynamische Untersuchungsmethoden — das sogenannte „Abhorchen" und „Selbstabhorchen" von Bohrungen.

Als „Abhorchen" bezeichnet man die Registrierung von Schwankungen des statischen Niveaus (der Druckwellen) in einer „Empfänger"-Bohrung, wobei diese Schwankungen durch Veränderungen der Entnahme in einer anderen „Sender"-Bohrung entstehen.

Durch Beobachtung der Niveauschwankungen (Druckschwankungen), die durch den Wechsel von Betrieb und Pausieren anderer Sonden entstehen, hören wir gewissermaßen apparativ (Piezometer von JAKOWLEW-IWANOW, Manometer Jakor-II) deren Arbeit in einer nicht in Betrieb befindlichen Sonde ab. Daher kommt auch der Ausdruck „Abhorchen". Wenn man den Abstand zwischen Empfänger und Sender auf Null reduziert, verschmelzen sie zu einer Bohrung. Diese Bohrung ist dann gleichzeitig sowohl Sender als auch Empfänger der von ihr angeregten Druckwellen. Sie hört gleichsam sich selbst ab. Wir bezeichnen daher Beobachtungen der Veränderung des Druckes an der Bohrlochsohle, die durch Veränderungen der Entnahme aus der gleichen Bohrung erzeugt werden, als Selbstabhorchen.

Aus technischen Gründen ist es schwierig, beim Selbstabhorchen eine Druckherabsetzung zu verfolgen. Man führt es daher gewöhnlich nach Stillegung einer in Betrieb gewesenen Sonde durch, registriert sozusagen die Kurve der Wiederherstellung des Druckes in der Bohrung. Deshalb bezeichnet man die Methode des Selbstabhorchens auch als Methode der Druckwiederherstellungskurven.

Größe und Charakter der Druckschwankungen, sowohl in der „Sender"-Bohrung als auch in der „Empfänger"-Bohrung, hängen bei sonst gleichen Bedingungen von den hydrodynamischen Parametern der Schicht und der Flüssigkeiten ab. Eben diese Abhängigkeit wird von der Hydroerkundung zur Beurteilung einer Schicht an Hand der Förderraten- und Druckkurven in den Bohrungen benutzt.

In einer unendlichen homogenen Schicht breitet sich die Druckwelle aus und erfolgt die Druckabnahme rings um die „Sender"-Bohrung nach der bekannten Gleichung

$$\Delta p(t) = \frac{q\mu}{4\pi k_d h} E i\left(-\frac{r^2}{4\varkappa t}\right) \qquad (I)$$

Hierbei bedeuten: $\Delta p(t)$ — Veränderung des Druckes (at) an der Sohle der „Empfänger"-Bohrung zum Zeitpunkt t, gerechnet vom Zeitpunkt der Förderratenänderung der erregenden Bohrung („Sender"), und zwar um die Größe von q (cm^3/s) unter Schichtverhältnissen; r — Abstand (cm) zwischen der erregenden Bohrung und der „Empfänger"-Bohrung; im Fall des Selbstabhorchens, in dem die „Sender"-Bohrung zugleich der „Empfänger" ist, benutzt man als r den effektiven Radius der Bohrungen; $\varkappa$ — Piezoleitfähigkeitskoeffizient der Schicht im Bereich zwischen den zu untersuchenden Bohrungen in cm^2/s; $\frac{k_d}{\mu}$ — Hydroleitfähigkeit der Schicht in demselben Bereich; d — Durchlässigkeit (Permeabilität) in Darcy; h — effektive Mächtigkeit der Schicht in cm; μ — Viskosität der Schichtflüssigkeit in Centipoise.

Die scheinbare Druckwellenfront, welche die Grenze zwischen dem merklich erregten Teil der Schicht und dem Teil, in dem die Erregung noch nicht festzustellen ist, darstellt, bewegt sich mit relativ geringer und immer mehr abnehmender Geschwindigkeit vorwärts. Der von dieser Front zurückgelegte Weg ist proportional dem Quadrat der Zeit. Diese geringe Geschwindigkeit ist aber einige hunderttausendmal größer als die Bewegung der Flüssigkeit und der Erdöl-Wasser-Grenzen. Solange diese Front noch keine Abschirmung erreicht, von ihr reflektiert wird und nicht zum Beobachtungspunkt gelangt, macht sich die Abschirmung im Bereich dieses Punktes nicht fühlbar, und alles spielt sich wie in einer unendlichen Schicht ab. Dadurch ist die Möglichkeit gegeben, die für eine unendliche Schicht gültige Formel

[1] Eingang des Manuskripts in der Redaktion: 12. 3. 1962. — Übers.: W. OESTREICH. Leicht gekürzt.

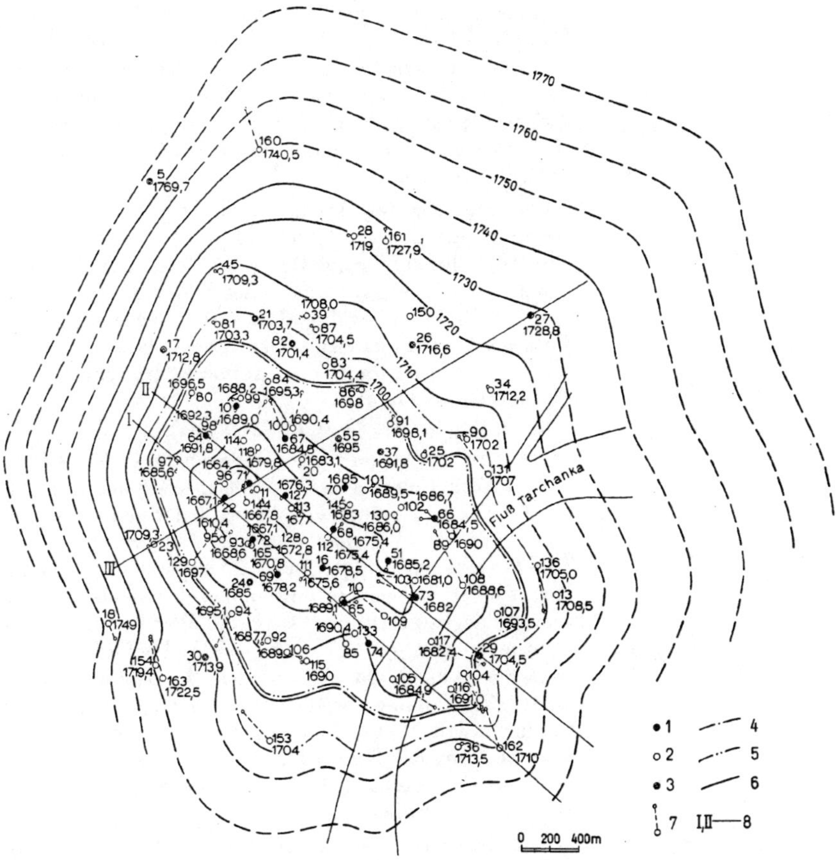

Abb. 1. Strukturkarte der Antiklinale von Sokolowa Gora (Oberkante D_3^{II}. Stand Nov. 1956)

1 – Produktionsbohrungen auf Horizont D_3^{II}, 2 – Bohrungen, die den Horizont D_3^{II} erschlossen haben, 3 – piezometrische Bohrungen auf Horizont D_3^{II}, 4 – ursprünglicher Umriß der Erdölführung, 5 – Umriß der Erdölführung im Jahre 1956, 6 – Isolinien des Horizonts D_3^{II} (Abstand: 10 m), 7 – Isolinien Anfang und Sohle der Bohrungen, 8 – I, II, III Profillinien

in der Praxis für Schichten mit begrenzten Abmessungen zu verwenden. Der Wellencharakter der erregenden Druckwelle und die Kenntnis der Reflexionsgesetze dieser Wellen gibt die Möglichkeit, diese Formel auch dann zu benutzen, wenn die Ankunft von reflektierten Wellen eine Beschränktheit der Schicht signalisiert.

So weist die Hydroerkundung undurchlässige Grenzen, Abschirmungen und Auswaschungen von Schichten nach, die sowohl die Bildung tektonischer als auch stratigraphisch abgeschirmter Lager verursachen können. Außerdem ist auch der Nachweis lithologisch abgeschirmter Lager möglich.

Im folgenden seien einige Beispiele für den Nachweis abgeschirmter Erdöllager gegeben.

Betrachtet man eine Reihe in Ausbeute befindlicher Strukturen, besonders in Geosynklinalgebieten (Halbinsel Apscheron, Gebiet Grosny), so stößt man auf einzelne Sonden, die innerhalb verwässerter Bohrungen weiterhin Erdöl liefern. Man kann annehmen, daß diese Sonden vom scheitelnahen Strukturteil durch Abschirmungen, offensichtlich tektonischer Art, abgetrennt sind.

Die von W. P. JAKOWLEW (1953) durchgeführte Hydroerkundung hat diese Annahmen bestätigt. Die Abschirmungen liegen innerhalb der abgebohrten Zone. Das durch sie zurückgehaltene Erdöl wurde aus diesen Sonden gefördert.

Solche Abschirmungen können auch außerhalb des abgebohrten Teiles liegen, an den Flanken der Strukturen. Sie können gewaltige abgeschirmte Erdöllager verursachen, die größer als die bereits nachgewiesenen sind (JAKOWLEW 1953).

Deshalb sind Sucharbeiten auf Erdöllager in der Nähe alter, ausgebeuteter Lagerstätten durch Hydroerkundung eine außerordentlich wichtige Aufgabe der Erdölgeologen in alten Erdölbezirken.

Ein Beispiel für den Nachweis stratigraphisch abgeschirmter Erdöllager durch Hydroerkundung ist die Anwendung dieser Methode im Horizont D_3^{II} von Sokolowa Gora im Wolgagebiet bei Saratow.

Der Horizont D_3^{II} gehört zu den unteren Schtschigiri-Schichten des Frasnien (Oberdevon). Er wird seit 1949 untersucht. Seit dem genannten Jahr wurden auf den Horizont D_3^{II} 16 Exploitationsbohrungen und die piezometrische Bohrung Nr. 23 niedergebracht. Strukturell bildet der Horizont D_3^{II} eine Brachyantiklinalfalte, die einer Kuppel ähnelt (Abb. 1). Ihre Abmessungen in Nord—Süd-Richtung betragen 4 km, in Ost-West-Richtung 3,5 km; der Einfallswinkel (im Hangenden gemessen): Ostflanke 1,5—2°, nördliche Periklinale 2—2,5°, südliche Periklinale 1—2°. Wie aus den Abb. 3 u. 4 hervorgeht, sind die größten Mächtigkeiten im Gebiet der Westflanke zu verzeichnen.

So hat in Bohrung 23 der Horizont eine Mächtigkeit von 141 m, in Bohrung 97 eine Mächtigkeit von 80 m. Die geringsten Mächtigkeiten sind im Scheitelteil festzustellen. Sie betragen dort etwa 50—55 m (Bohrungen Nr. 22, 72 und 71).

In den übrigen Teilen der Struktur nehmen die Mächtigkeiten des Horizontes im Vergleich zum Scheitelbereich erheblich zu. Sie erreichen etwa 70—100 m.

Eine beträchtliche Mächtigkeitszunahme des Horizonts D_3^{II} ist daher nur auf der Westflanke der Struktur zu verzeichnen, und zwar im Bereich der Bohrungen 23—97.

Bis zum Jahre 1956 nahmen die Geologen an, daß die Mächtigkeitszunahme an der Westflanke durch unterschiedliche Geschwindigkeiten der Sedimentation zustande gekommen sei und daher eine gewöhnliche Erscheinung darstelle.

Die 1956 durchgeführten Hydroerkundungsarbeiten, die in einem „Abhorchen“ der piezometrischen Bohrung 23 in Verbindung mit den im Scheitelteil gelegenen Produktionssonden Nr. 16, 67, 71 und 72 bestanden, zeigten jedoch, daß zwischen der Westflanke und dem Scheitelteil kein direkter hydrodynamischer Zusammenhang

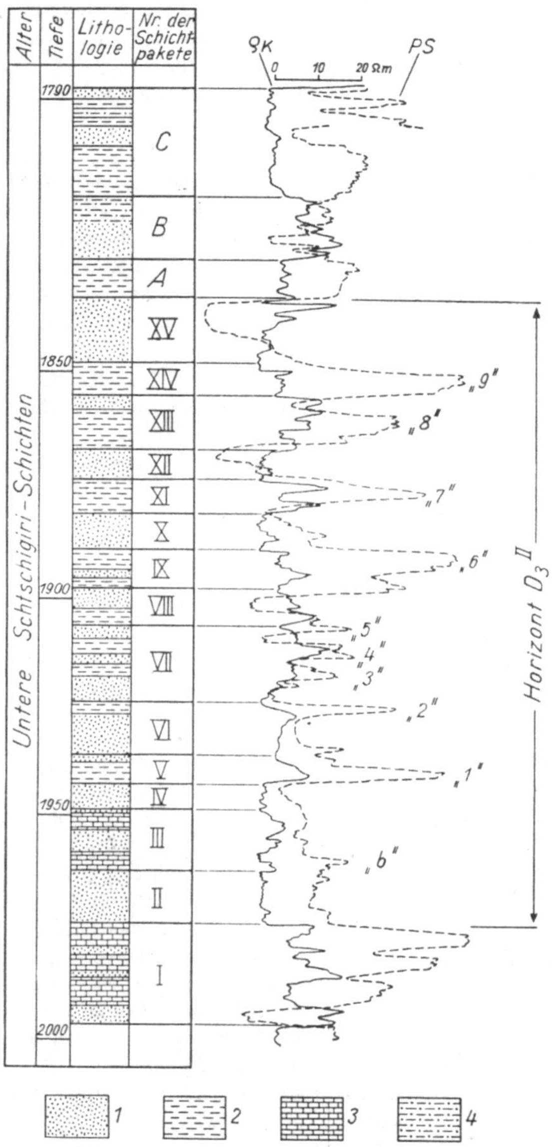

Abb. 2. Die unteren Schtschigiri-Schichten

1 – Sandstein, 2 – Ton, 3 – Kalk, 4 – Aleurolit; I–XV – Schichtpakete, „1"–„9" – Tone und Zwischenlagen

existiert. Dieser Umstand gab Veranlassung, sich mit der Untersuchung des Horizonts D_3^{II} eingehender zu beschäftigen. Zu diesem Zweck wurde das Elektrologprofil dieses Horizonts von Bohrung 23 als Bezugsmaß gewählt. Darin wurden 14 Schichtpakete von II bis XV ausgeschieden, wobei innerhalb dieser Schichtpakete ein Aleurolitbereich „b" und 9 Tonlagen mit dazwischenliegenden Sandsteinen auftreten (Abb. 2).

Die im Profil von Bohrung 23 ausgehaltenen Schichtpakete wurden auf den Elektrodiagrammen der übrigen Bohrungen verfolgt. Dabei ergab sich, daß die unteren Schichtpakete von II bis VI fast in allen Bohrungen auftreten, während die oberen von VII–XV fehlen, abgesehen von Bohrung 97, in der die Schichtpakete von II–IX vorliegen.

Daraus wurde der Schluß gezogen, daß der obere Teil des Horizonts D_3^{II} im Scheitelteil erodiert ist. Die zu diesen Schichtpaketen gehörenden Tonlagen (Abb. 3 und 4) stoßen auf die Erosionsfläche und erzeugen stratigraphisch abgeschirmte Erdölfallen. So sind z. B. von Bohrung 23 nach Bohrung 22 hin nur die Zwischenlagen „b" und „1" erhalten geblieben, die übrigen sind erodiert (Abb. 3). Im Bereich von Bohrung 97 blieben 6 Zwischenlagen erhalten, aber in Richtung zum Scheitel (Bohrung 22) findet man nur noch „1", die übrigen Schichten sind erodiert.

Diese mittels der Hydroerkundung gewonnene Vorstellung über den geologischen Bau des Horizonts D_3^{II} wird auch durch folgende Daten bestätigt: Der Druck in den Produktionsbohrungen dieses Horizonts betrug im Jahre 1956 178 at, während er in der piezometrischen Bohrung 23 192 at betrug. Das spricht dafür, daß zwischen diesen Bohrungen ein direkter hydrodynamischer Zusammenhang fehlt.

Weiterhin wurde in Bohrung 22 (Abb. 3 und 4) der obere, unter „1" (Ton-Zwischenlage) befindliche Teil der produktiven Folge perforiert. Gleichzeitig arbeitete im Jahre 1956 die Bohrung mit Wasser. Offensichtlich drang dieses von der Westflanke her in dem zwischen den Ton-Zwischenlagen „1" und „2" liegenden Sandstein vor. Aber in Anbetracht dessen, daß der Sandstein eine geringe Mächtigkeit aufweist, Erdöl aber von mehreren Bohrungen (22, 71, 72) aus diesem Teil gefördert wird, muß das Wasser, um das aus dem Sandstein entnommene Erdölvolumen wieder aufzufüllen, mit größerer Geschwindigkeit vordringen. Dies wird auch durch die Verwässerung der Bohrung 22 bestätigt und stimmt mit der neuen Vorstellung über den geologischen Bau des Horizonts D_3^{II} überein.

Auf der Basis der soeben entwickelten Hypothese kann man annehmen, daß abgeschirmte Lager vorhanden sind, die im Bereich zwischen den Bohrungen 23 und 97–22 liegen, mit einer ungefähren Ausdehnung von 30–50 ha (Abb. 1).

Die Mächtigkeit dieser „Fallen" liegt bei 5 m, möglicherweise erreicht sie 20–40 m. Das produktive Stockwerk in ihnen bewegt sich zwischen 10 und 50 m und nimmt zum Scheitel der Struktur hin zu.

Wie aus den Abb. 3 und 4 hervorgeht, entstand im Bereich des Scheitels unter der Ton-Zwischenlage „1"

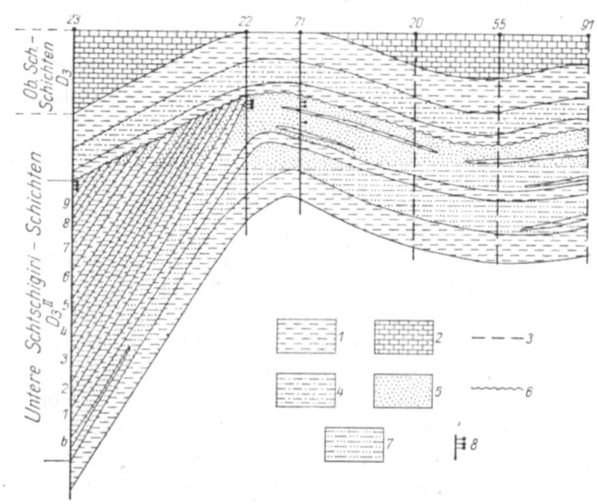

Abb. 3. Profil der Schtschigiri-Schichten der Bohrungen 23, 22, 71, 20, 55 u. 91

1 – Ton, 2 – Kalkstein, 3 – Umriß der Erdölführung 1956, 4 – Aleurolit, 5 – ölführender Sandstein, 6 – Auswaschungslinie, 7 – wasserführender Sandstein, 8 – Perforationsabschnitt

Zeitschrift für angewandte Geologie (1962) Heft 12

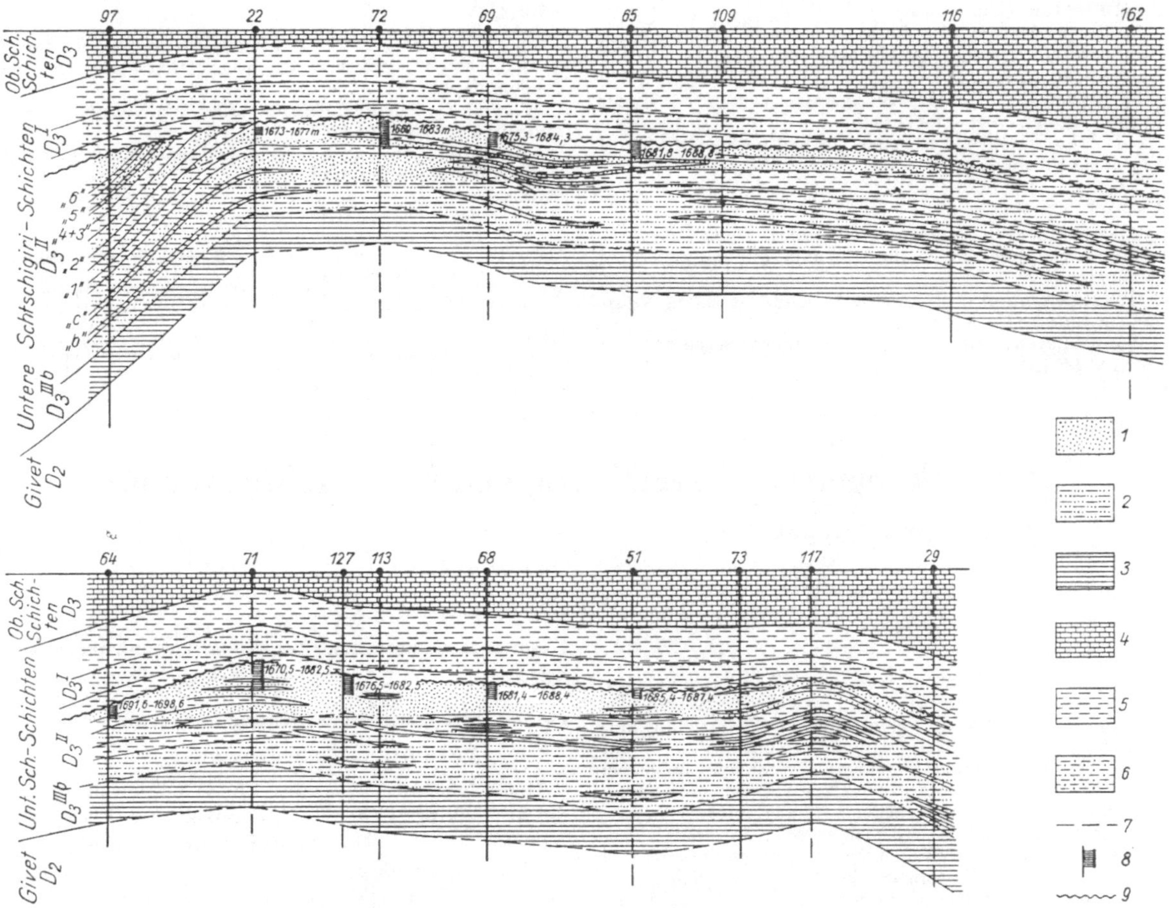

Abb. 4. Längsprofil des Horizonts D_3^{II} (Lagerstätte Sokolowa Gora)

1 – ölführender Sandstein, 2 – wasserführender Sandstein, 3 – Wechsellagerung von Tonen und Argilliten, 4 – Kalkstein, 5 – Ton, 6 – Aleurolit, 7 – Umriß der Erdölführung 1956, 8 – Perforationsabschnitt, 9 – Erosionsoberfläche des Horizonts D_3^{II}

eine Erdölakkumulation, die offensichtlich von den im Scheitelteil gelegenen Bohrungen nicht angetroffen wird.

Zur Bestätigung dieser Annahme wurden weitere geologische Arbeiten durchgeführt. Sie betrafen vor allem stratigraphische Vergleiche dieser Schichten mit anderen bekannten Fundstellen.

Wie bereits bemerkt wurde, gehört der Horizont D_3^{II} zu den unteren Schtschigiri-Schichten des Frasnien (Oberdevon). Durch eine eingehende Untersuchung dieser Schichten im Wolgagebiet um Saratow konnte für unser Gebiet eine Erosion nachgewiesen werden. Diese Erosion vereinbart sich mit der mittels der Hydroerkundung entwickelten Hypothese über den geologischen Bau des Horizonts D_3^{II}.

Zeitigten die Arbeiten nach der vorgetragenen Hypothese über die Anwesenheit stratigraphisch abgeschirmter Erdöllager im Gebiet von Sokolowa Gora positive Ergebnisse, so darf man mit der Möglichkeit rechnen, Lager dieses Typs auch auf anderen Strukturen im Wolgagebiet um Saratow nachweisen zu können.

In allen Fällen ist die Hydroerkundung so anzuwenden, daß die Untersuchungen in den Bohrungen beginnen, welche die größte Mächtigkeit des Horizonts nachweisen, in Verbindung mit den Bohrungen, die sich im Scheitelteil der Strukturen befinden. Wenn ein hydrodynamischer Zusammenhang zwischen den genannten Bohrungen fehlt, so kann man erwarten, daß stratigraphisch abgeschirmte Lager vom Typ Sokolowa Gora vorliegen.

Abschließend können folgende Schlüsse gezogen werden:

1. Sucharbeiten mittels Hydroerkundung auf abgeschirmte Erdöllager sind in erster Linie in Geosynklinalgebieten durchzuführen, ferner in Tafelgebieten, wo erhebliche Abtragungen von Schichten, mit denen eine Erdölführung zusammenhängt, zu beobachten sind.

2. Indem man mittels Hydroerkundung undurchlässige Abschirmungen nachweist, durch welche die Bildung tektonisch oder stratigraphisch abgeschirmter Erdöllager begünstigt wird, kann man in Gebieten alter Erdöllagerstätten das Aufsuchen von Erdöllagern dieses Typs erheblich erleichtern.

3. Die Anwendung dieser Methode bereits im Anfangsstadium der Erkundung einer Erdöllagerstätte gestattet richtige Schlüsse über den Charakter der Öl- und Gasführung der Lager und über die Erstreckung des produktiven Horizonts.

4. In späterer Zeit können diese Untersuchungen zusammen mit geologischen Bohrlochuntersuchungen und den übrigen geophysikalischen Messungen dazu beitragen, nicht nur den geologischen Bau und die Nacherkundung einer bekannten Lagerstätte zu verfeinern, sondern auch die Erkundung neuer zu fördern.

5. Die Hydroerkundung ist in breiterem Umfang in die Praxis der Such- und Erkundungsarbeiten auf Öl- und Gaslagerstätten einzuführen.

Zusammenfassung

In diesem Aufsatz wird die Möglichkeit demonstriert, die Hydroerkundung zum Aufsuchen abgeschirmter Erdöllager einzusetzen.

Es werden Beispiele für den Nachweis von Lagern dieses Typs in einigen Gebieten gebracht.

Die Arbeitsweise dieser neuen Erkundungsmethode wird eingehend geschildert.

Резюме

В этой статье демонстрируется возможность использования гидроразведки для поисков экранированных залежей нефти.

Приводятся примеры для выявления залежей этого типа в некоторых районах.

Форма работы этого нового метода разведки детально описывается.

Summary

This article demonstrates the possibility to apply hydrodynamic reconnaissance to the prospection of screened petroleum deposits.

Examples giving evidence of this type of deposits in some areas are quoted.

The working procedure of this new method of reconnaissance is described in detail.

Literatur

JAKOWLEW, V. P.: Die hydrologische Erkundung von Öl- und Gashorizonten. — Gostoptechisdat, 1953.

STJOPIN, I. G. & G. M. JUDIN: Über die Nacherkundung von Erdölhorizonten mit Hilfe hydrodynamischer Untersuchungen (Hydroerkundung). — Geologija nefti i gasa, Nr. 3, 1962.

STJOPIN, I. G. & G. V. SCHTSCHERBAKOW: Die Verfeinerung des geologischen Baues der Horizonte D_2^{II} und D_2^{V} der Lagerstätte Sokolowa Gora. — Nautschno-technitscheski sbornik po dobytsche nefti (VVII) NIG (1962).

Bemerkungen zur Berechnung von Braunkohlenvorräten[1]

(Veröffentlichung der ZVK — Nr. 6)

KARL SCHELLMOSER, Berlin

Einleitung

Der Zentralen Vorratskommission (ZVK) wurden im ersten Halbjahr 1962 mehrere Vorratsberechnungen der Braunkohlenindustrie zur Kontrolle und Bestätigung eingereicht. Daneben fanden zahlreiche Konsultationen mit Fachkollegen des Industriezweiges Braunkohle statt, bei denen Fragen der Berechnung der Vorräte, der Anfertigung der Berichte sowie verschiedene, häufig wiederkehrende grundsätzliche Probleme erörtert wurden. Zu einigen Problemen nahm auch die ZVK in ihren Sitzungen Stellung und faßte verbindliche Beschlüsse, die die umfangreichen und notwendigen Vorarbeiten für die Vorratsberechnungen vereinfachen und einheitlich gestalten sollen. Verfasser will mit diesem Beitrag die Beschlüsse und Entscheidungen allen Bearbeitern von Vorratsberechnungen im Mineralgebiet Braunkohle zugänglich machen.

Es muß jedoch darauf hingewiesen werden, daß dieser Aufsatz nur eine Mitteilung zu einigen speziellen Fragen darstellt und keineswegs die geltenden Richtlinien und Anweisungen der ZVK ersetzt.

Nach wie vor sind für die Anfertigung von Vorratsberechnungen die:

„2. Vorratsklassifikation fester mineralischer Rohstoffe vom 31. Januar 1962",

„1. Braunkohleninstruktion vom 8. Dezember 1959",

„Vorläufige Anweisung der ZVK über die Erfassung und Berechnung nutzbarer Rohstoffe im Deckgebirge der Braunkohlenfelder vom 13. Juli 1961" und

„Richtlinien der ZVK über Form und Inhalt von Vorratsberechnungen vom 4. Mai 1961" verbindlich.

1. Die Lagerstättenumgrenzung

Zur Lagerstättenumgrenzung sind bei PROKOFJEW (1956) und STAMMBERGER (1956) grundsätzliche, für alle Mineralgebiete anwendbare Ausführungen gemacht worden. Hier soll speziell zur Umgrenzung der Braunkohlenlagerstätten Stellung genommen werden.

Unsere Braunkohlenlagerstätten können einmal durch die geologischen Verhältnisse, zum anderen durch Festlegungen begrenzt sein. Zu den geologischen Begrenzungen sind das Auskeilen des Flözes am Rande der Lagerstätte und die pleistozänen Auswaschungen bzw. Abwaschungen zu rechnen. Unter den festgelegten Begrenzungen sollen hier Markscheiden, projektierte Tagebau- bzw. Baufeldgrenzen, öffentliche Verkehrswege, Ortschaften u. a. verstanden werden. Wie erfolgt die Lagerstättenumgrenzung bei diesen verschiedenen Verhältnissen?

1.1. Natürliche (geologische) Begrenzung der Lagerstätte

1.1.1. Auskeilen des Flözes

Unter dem Auskeilen eines Flözes soll die primär bedingte Verringerung der Mächtigkeit des Flözes verstanden werden. Die Lagerstättenumgrenzung wird hierbei zweckmäßigerweise nach den aus der Literatur bekannten Methoden der Interpolation bzw. Extrapolation durchgeführt.

Danach sind zur Vorratsberechnung folgende Begrenzungslinien für die Lagerstätte wichtig:

a) die Null-m-Isopache, d. h. die Endschaft des Flözes. In den meisten Fällen wird sie formal-geologisch ermittelt

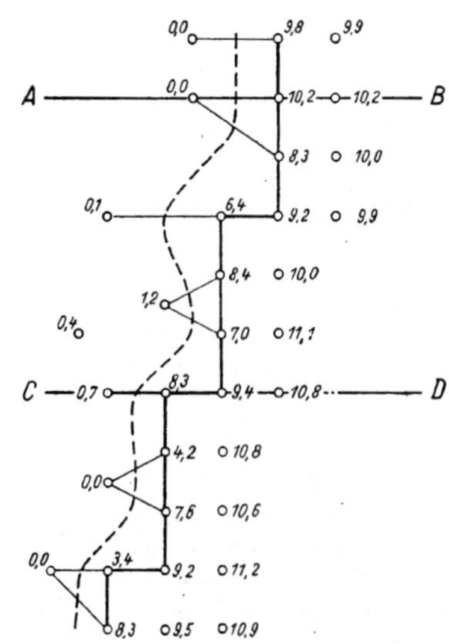

Abb. 1. Lagerstättenumgrenzung bei Auswaschung des Flözes (Grundriß)

1 — Bohrung mit Angabe der erbohrten Flözmächtigkeit, 2 — innerer Lagerstättenumriß, 3 — äußerer Lagerstättenumriß

[1]) Eingang des Manuskripts in der Redaktion: 24. 8. 1962

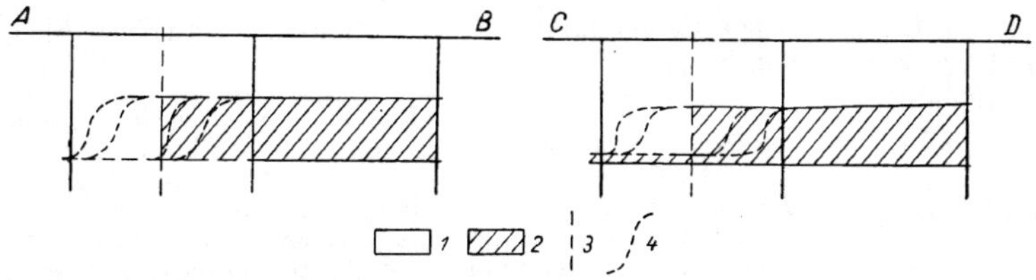

Abb. 2. Lagerstättenumgrenzung bei Auswaschung des Flözes, Fall a

Abb. 3. Lagerstättenumgrenzung bei Auswaschung des Flözes, Fall b

1 – Nebengestein, 2 – Flözkörper, 3 – äußerer Lagerstättenumriß, 4 – möglicher Verlauf der Auswaschungsgrenze

worden sein. Sie ist für die übersichtsmäßige Darstellung notwendig;

b) die 1-m-Isopache, sie hat Bedeutung für die Abgrenzung der Außerbilanzvorräte, und

c) die 2-m-Isopache, als derzeitiger Richtwert für die unterste Mächtigkeitsgrenze von Bilanzvorräten.

1.1.2. Pleistozäne Auswaschung des Flözes (Abb. 1)

Besonders in unseren Lausitzer Braunkohlenlagerstätten — aber auch in Mitteldeutschland — sind die Flöze häufig „ausgewaschen" worden. Das Flöz kann dabei vollständig erodiert oder aber in seiner Mächtigkeit verringert worden sein. Das ist zumeist dadurch festzustellen, daß zwischen den Bohrungen die Mächtigkeit des Flözes auf kürzeste Entfernung sprunghaft abnimmt und reziprok dazu die Mächtigkeit pleistozäner Sedimente zunimmt. Wenn ein solcher Fall durch den Geologen nachgewiesen werden kann, ist, wie folgt beschrieben, zu verfahren:

a) Das Flöz wurde vollständig erodiert (Abb. 2).

Es ist zunächst der innere Lagerstättenumriß als geradlinige Verbindung der nächstliegenden äußersten, noch bilanzwürdigen Bohrungen (Mächtigkeit $\geqq 2$ m) zu konstruieren. Der äußere Lagerstättenumriß ist unter Berücksichtigung der jeweiligen geologischen Verhältnisse, d. h., nicht unbedingt jeder kleine Knick des inneren Umrisses ist zu wiederholen, durch Extra- oder Interpolation um den halben Bohrlochabstand der jeweiligen Vorratsklasse zu ermitteln. (Allgemein wird das die Mitte zwischen der äußersten fündigen, noch bilanzwürdigen Bohrung und der nächstgelegenen nichtfündigen Bohrung sein.)

b) Das Flöz wurde nicht vollständig erodiert (Abb. 3).

Ist eine Restmächtigkeit von unter 2 m erbohrt worden, so ist diese Bohrung genauso zu behandeln, als wenn das Flöz vollständig erodiert worden wäre (Fall a)[2]). Diese formale geologische Lösung erscheint in diesen Fällen als die sinnvollste, da der genaue Verlauf der Auswaschung, bei der das Flöz meist relativ steil erodiert wurde, nie genau allein durch Bohrungen festzulegen ist.

1.1.3. Pleistozäne Abwaschung des Flözes (Abb. 4)

In verschiedenen Tagebauen wurde beobachtet, daß das Flöz allmählich — d. h. über größere Entfernungen — durch pleistozäne Schmelzwässer „abgewaschen" wurde. Das zeigt sich in einer langsamen Verringerung der Mächtigkeit des Flözes und einer Zunahme der darüberlagernden pleistozänen Sedimente. Hier ist genauso zu verfahren wie beim Auskeilen, d. h., es sind durch Inter- oder Extrapolation die Null-m-, 1-m- und 2-m-Isopache zu konstruieren.

Es ist jedoch folgendes zu beachten: „Auswaschungen" und „Abwaschungen" können oft auf kürzeste Entfernung wechseln bzw. ineinander übergehen. In einem solchen Falle ist es unzweckmäßig, wie vorgenannt zu verfahren. Meist ist es bei solchen komplizierten Fällen sinnvoller, nach 1.1.2 zu umgrenzen.

1.2. Künstliche Begrenzung der Lagerstätte

Da unsere Braunkohlenflöze große flächenhafte Erstreckung aufweisen, bauen oft mehrere Werke auf einer Lagerstätte. Die gegenseitige Abgrenzung der Tagebaufelder geschieht in diesen Fällen durch vereinbarte Festlegungen, d. h. künstliche Begrenzungslinien wie Markscheiden, projektierte Tagebau- bzw. Feldesgrenzen, Verkehrs- und Wasserwege, Ortschaften, Sicherheitspfeiler usw. Hier entfällt die Konstruktion von inneren und äußeren Lagerstättenumrissen. Die festgelegte Grenze gilt dann als Lagerstättenumgrenzung, wenn sie innerhalb der Lagerstätte liegt. In Randgebieten der Lagerstätte ist entsprechend den geologischen Verhältnissen, wie unter 1.1. beschrieben, zu verfahren[3]).

2. Behandlung alter Tagebau- und Tiefbaufelder

Innerhalb der Tagebaufelder sind oft stillgelegte Tief- bzw. Tagebaue vorhanden, über die meist recht unterschiedliche Unterlagen vorliegen.

Grundsätzlich sind derartige Gebiete abzugrenzen und in gesonderten Vorratsblöcken zu berechnen. Als Grenze dienen die auf Rissen bzw. Rißplatten angegebenen äußersten Umrisse der ehemaligen Grubenbaue, d. h. in alten Tiefbauen meist die Markscheide, in auflässigen Tagebauen die Freilegungsgrenze (Unterkante Abraum). Innerhalb dieser Grenzen sollte die Berechnung, wie folgt beschrieben, vorgenommen werden:

a) Ist nur die äußerste Begrenzung bekannt oder nachgewiesen, dann wird das so umgrenzte Gebiet als ausgekohlt betrachtet. Handelt es sich dabei um eine Lagerstätte mit mehreren Flözen, die im Tagebau abgebaut wurde, gelten alle Flöze als ausgekohlt, bei Tiefbauen nur das Flöz, auf dem vermutlich der Abbau umgegangen ist (in den meisten Fällen das oberste Flöz).

b) Außer der Begrenzung ist bei Tiefbauen noch bekannt, welche Flöze und wieviel Scheiben gebaut wurden. In diesen Fällen wird nur der unverritzte Teil zwischen dem Liegenden des betreffenden Flözes und der tiefsten Tiefbausohle berechnet. Stehengebliebene Kohlenbeine abgebauter Scheiben werden nicht berechnet[4]).

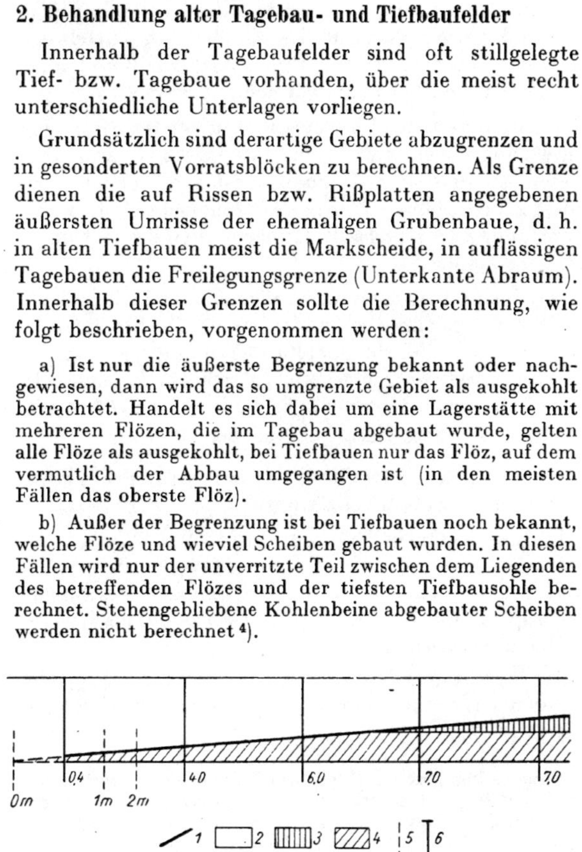

Abb. 4. Lagerstättenumgrenzung bei Abwaschung des Flözes

1 – Grenze zwischen pleistozänen und tertiären Sedimenten; 2 – pleistozäne Sedimente; 3 – tertiäre Sedimente; 4 – Flözkörper; 5 – Mächtigkeiten, zu denen Isopachen zu konstruieren sind; 6 – Bohrung mit Angabe der erbohrten Flözmächtigkeit

[2]) Eine Ausnahme bildet der Fall, wenn mehrere Bohrungen über eine größere Fläche hinweg Mächtigkeiten zwischen 1 m und 2 m angetroffen haben. Hier sind, wie im Fall a beschrieben, der innere und äußere Lagerstättenumriß zu konstruieren. Die Fläche zwischen den beiden Umrissen ist dann gesondert zu berechnen und der ermittelte Vorrat als Außerbilanzvorrat auszuweisen.

[3]) Liegt die Feldesgrenze am Sicherheitspfeiler, ist die Begrenzung zur Teufe hin senkrecht nach unten so zu ziehen, daß die Bermen nicht berücksichtigt werden.

[4]) Ist bei auflässigen Tagebauen in einer Lagerstätte mit mehreren Flözen bekannt, welche Flöze gebaut wurden, ist analog zu verfahren.

Solche Gebiete sind bei der Berechnung, Eingruppierung und Einstufung in Vorratsklassen und -gruppen gesondert zu behandeln und einzuschätzen. Nach den bisherigen Erfahrungen kommt als höchste Vorratsklasse meist nur C_1 in Betracht. Das richtet sich jedoch nach den vorhandenen Unterlagen und ihrer Aussagekraft.

3. Ermittlung der Parameter Durchschnittsmächtigkeit und Rohstoffdichte (Raumgewicht)

Als wichtigste Parameter gehen in die Mengenermittlung die Fläche des Vorratsblockes, seine mittlere Mächtigkeit und die Rohstoffdichte ein. Die letzten beiden Parameter bedürfen für bestimmte Fälle einer Erläuterung.

3.1. Ermittlung der Durchschnittsmächtigkeit

3.1.1. Innerhalb des inneren Lagerstättenumrisses

Die Ermittlung kann entsprechend der Berechungsmethode nach den aus der Literatur bekannten Methoden erfolgen[5]). Vermieden werden sollte die Interpolation von Mächtigkeitswerten bei ungleichmäßiger Verteilung der Bohrungen und Behandlung dieser Interpolationswerte wie Bohrdaten zusammen mit diesen. In solch einem Fall sollten besser einzelne Berechnungsblöcke abgegrenzt (Methode der geologischen Blöcke) und selbständig berechnet werden. Bei lokaler Häufung von Bohrwerten kann in Einzelfällen ein Mittelwert berechnet werden, der als „Einzelwert" zur Ermittlung der Durchschnittsmächtigkeit benutzt wird.

Wenn innerhalb des inneren Umrisses isolierte einzelne Bohrungen mit Flözmächtigkeiten < 2 m auftreten, so sind sie zwar zu kennzeichnen, gehen aber mit der tatsächlich erbohrten Kohlenmächtigkeit in die Berechnung der Durchschnittsmächtigkeit des betreffenden Vorratsblockes ein.

Ist eine größere zusammenhängende Fläche innerhalb eines Vorratsblockes vorhanden, in der das Flöz primär oder sekundär Mächtigkeiten < 2 m aufweist, so ist sie gesondert auszublocken, zu berechnen und als Außerbilanzvorrat zu behandeln. Sie geht nicht in die Durchschnittsmächtigkeit des Bilanzblockes ein.

3.1.2. Im Grenzstreifen zwischen innerem und äußerem Lagerstättenumriß

Für das Auskeilen bzw. die Abwaschung eines Flözes (letzteres kommt praktisch einem Auskeilen gleich) wird auf die obengenannten Festlegungen verwiesen. Wichtig ist die Behandlung des Grenzstreifens im Bereich einer Auswaschung.

Zur Festlegung der Mächtigkeit des Flözes auf dem äußeren Lagerstättenumriß ist folgendermaßen zu verfahren (Abb. 5):

Entsprechend den geologischen Verhältnissen wird dem als Ende des Flözes angenommenen Punkt (äußerste noch bilanzwürdige Bohrung plus halber Bohrlochabstand) die angetroffene Mächtigkeit dieser Bohrung zugeschrieben. Das ist gerechtfertigt, da die Mächtigkeit nicht allmählich, sondern sprunghaft abnimmt.

[5]) In diesem Zusammenhang sei auf die Bemerkungen von STAMMBERGER (1955) sowie des Verf. (1962) in dieser Zeitschrift hinsichtlich der günstigsten Berechnungsmethode bei Braunkohlenlagerstätten verwiesen. Danach hat sich die Methode des arithmetischen Durchschnitts nebst ihren Variationen als die zweckmäßigste erwiesen. Die Ermittlung der Durchschnittsmächtigkeit sollte dabei nur in Ausnahmefällen über das gewogene Mittel erfolgen.

Die Berechnung des Grenzstreifens wird unterschiedlich durchgeführt:

a) Hat der angrenzende Block (im inneren Umriß) eine relativ gleichbleibende Mächtigkeit, wird die Fläche des Grenzstreifens der betreffenden Blockfläche hinzugefügt und die Gesamtfläche mit der für den angrenzenden Block ermittelten Durchschnittsmächtigkeit berechnet (Abb. 6).
Der Grenzstreifen braucht somit nicht gesondert berechnet zu werden.

b) Hat der angrenzende Block (im inneren Umriß) in der Nähe der Auswaschung die größte Mächtigkeit, die mit der Entfernung vom inneren Umriß abnimmt, oder umgekehrt, dann wird die Fläche des Grenzstreifens gesondert bestimmt. Für ihn gilt als Durchschnittsmächtigkeit der aus den Bohrungen auf dem inneren Umriß ermittelte Wert (Abb. 7).
Der Grenzstreifen ist also gesondert zu berechnen.

3.2. Behandlung der Zwischenmittel

Die zur Zeit in der Braunkohlenerkundung angewendeten Bohrverfahren erlauben eine Genauigkeit in der Mächtigkeitsbestimmung der durchbohrten Schichten auf etwa 10 cm. Es ist daher sinnvoll, ein Zwischenmittel erst ab 10 cm Mächtigkeit bei der Berechnung auszuweisen.

Es sind zwei Fälle mit verschiedener Behandlung der Zwischenmittel zu unterscheiden:

a) Die Lagerstätte ist noch nicht im Abbau, ein Projekt zur Nutzung des Rohstoffes liegt noch nicht vor.

Die Berechnung der Vorräte hat dann entsprechend der „2. Vorratsklassifikation fester mineralischer Rohstoffe" zu erfolgen, wonach „als Vorräte eines Rohstoffes ... die anstehenden Mengen ohne Abzug für Verluste bei Gewinnung und Verarbeitung ... zu berechnen" sind und „eine mögliche Verdünnung bei der Gewinnung ... bei der Berechnung der Vorräte unberücksichtigt" bleibt.
Das Zwischenmittel ist somit bei der Berechnung der Kohlenvorratsmengen auszuhalten. Es geht nicht in die Berechnung der Durchschnittsmächtigkeit, des Aschegehalts usw. ein.

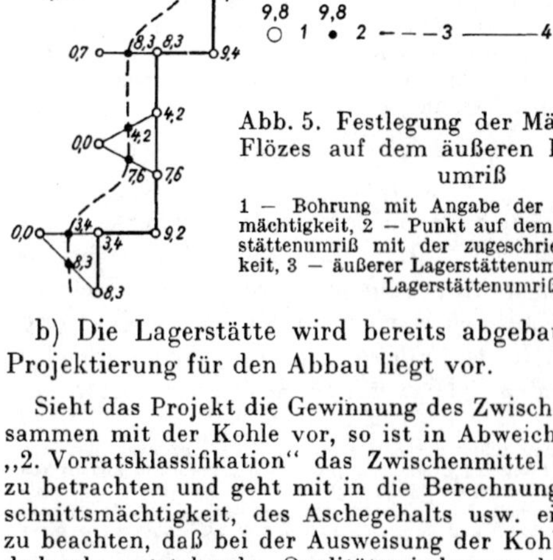

Abb. 5. Festlegung der Mächtigkeit des Flözes auf dem äußeren Lagerstättenumriß

1 – Bohrung mit Angabe der erbohrten Flözmächtigkeit, 2 – Punkt auf dem äußeren Lagerstättenumriß mit der zugeschriebenen Mächtigkeit, 3 – äußerer Lagerstättenumriß, 4 – innerer Lagerstättenumriß

b) Die Lagerstätte wird bereits abgebaut, bzw. die Projektierung für den Abbau liegt vor.

Sieht das Projekt die Gewinnung des Zwischenmittels zusammen mit der Kohle vor, so ist in Abweichung von der „2. Vorratsklassifikation" das Zwischenmittel als „Kohle" zu betrachten und geht mit in die Berechnung der Durchschnittsmächtigkeit, des Aschegehalts usw. ein. Dabei ist zu beachten, daß bei der Ausweisung der Kohlensorten die dadurch entstehende Qualitätsminderung berücksichtigt wird.

Ist im Projekt ein Aushalten des Zwischenmittels vorgesehen, so erfolgt die Berechnung wie unter a).

Dabei ist zu beachten, daß Kohlenabzüge für Verluste am Mittel nicht erfolgen dürfen.

Im Abschnitt „Industrielle Einschätzung der Lagerstätte" des Textteils sind die Gründe für die Einbeziehung des Mittels in den Abbau bzw. die Größe und mengenmäßige Ausweisung der durch das Aushalten des Mittels entstehenden Verluste anzuführen. Für den Fall a muß das Auftreten der Zwischenmittel und deren möglicher Einfluß auf Menge und Qualität behandelt werden.

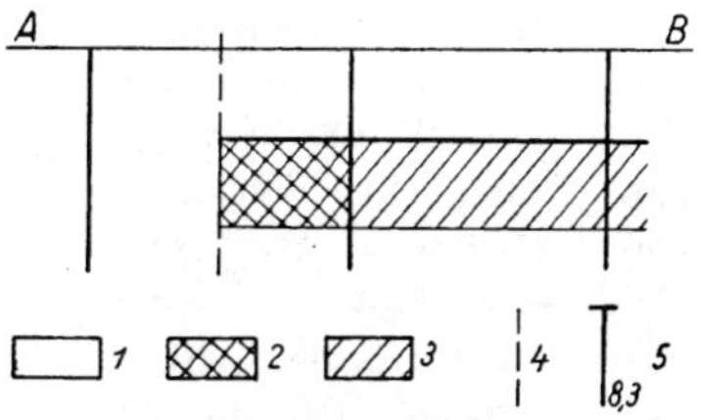

Abb. 6. Berechnung der Durchschnittsmächtigkeit im Grenzstreifen, Fall a

1 — Nebengestein; 2 — Grenzstreifen; 3 — Flözkörper; 4 — äußerer Lagerstättenumriß; 5 — Bohrung mit Angabe der erbohrten Flözmächtigkeit

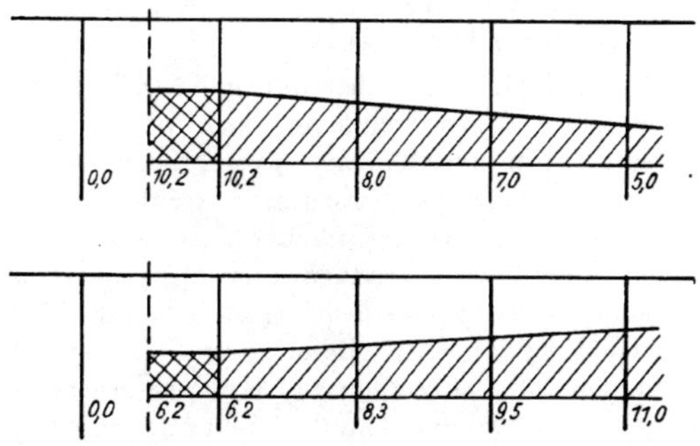

Abb. 7. Berechnung der Durchschnittsmächtigkeit im Grenzstreifen, Fall b

Ist im Projekt bzw. bei einem im Abbau stehenden Feld die Gewinnung bzw. das Aushalten des Zwischenmittels noch nicht geklärt, so ist bei großer flächenhafter Verbreitung desselben dieser Feldesteil zweckmäßigerweise als besonderer Vorratsblock zu berechnen.

Hiervon unberührt bleiben die Festlegungen in der „1. Braunkohleninstruktion" unter Pkt. 3.1.1.

3.3. Die Rohstoffdichte (Raumgewicht)

Im allgemeinen gelten nach wie vor die in den „Begriffsbestimmungen für den Braunkohlenbergbau" angeführten Werte. Aus den geführten Aussprachen sowie den der ZVK eingereichten Vorratsberechnungen ist zu entnehmen, daß die tatsächlich ermittelten bzw. zur Berechnung der Vorräte verwendeten Werte oft erheblich abweichen. Die ZVK vertritt daher die Auffassung, daß folgende Werte zu benutzen sind:

a) Sofern exakt ermittelte Werte vorliegen, sind diese der Berechnung zugrunde zu legen. Über die durchgeführten Untersuchungen ist im Textteil zu berichten.

b) Das Werk rechnet mit einem Erfahrungswert, der statistisch auf Grund jahrelanger Förderung ermittelt wurde. Weicht dieser Wert um mehr als $\pm$ 0,02 t/m³ von dem lt. Begriffsbestimmung vorgeschriebenen ab, dann ist der Erfahrungswert zu verwenden. Der eingesetzte Wert ist zu begründen.

c) Wird in der praktischen Tätigkeit eines Werkes (Abrechnung usw.) mit den lt. Begriffsbestimmungen festgelegten Werten gearbeitet, ist dieser einzusetzen.

d) Bei neuerkundeten Lagerstätten ist der lt. Begriffsbestimmungen festgelegte Wert zu benutzen.

In jedem Falle ist die Rohstoffdichte zu begründen und ihre Richtigkeit nachzuweisen (Richtlinie der ZVK, 1961).

4. Berechnung der Kohlenqualitäten

Die Bestätigung und Bilanzierung der Vorräte erfolgt nicht als Braunkohlenvorräte schlechthin, sondern als Koks-, Schwel-, Brikettier- oder Kesselkohle sowie als Salzkohle. Daher ist eine Ausweisung der vorhandenen Kohlensorten erforderlich.

Für den Nachweis der Kohlensorten entsprechend dem Erkundungsgrad ist zu beachten:

Die Vorratsklassifikation fordert für die Erkundung bis Klasse C_1, daß die Qualität des Rohstoffs in den Grundzügen geklärt sein muß. Danach ist für die Vorlage in Klasse C_2 eine prozentuale Angabe der Mengen der einzelnen Kohlensorten ausreichend. Auf den Qualitätskarten ist eine flächenhafte Darstellung der Kohlensorten nicht erforderlich.

Für die Vorratsklassen A und C_1 müssen auf den Qualitätskarten die Kohlensorten in ihrer flächenmäßigen Verteilung nachgewiesen werden. Die Kohlensorten sind für zusammenhängende Fächen abzugrenzen. Wertlinienkarten für einzelne Parameter sind bei Vorratsklasse A erforderlich.

Ferner ist bei der Ausweisung der Kohlenqualitäten zwischen neuerkundeten und bereits in Abbau stehenden Lagerstätten zu unterscheiden.

Für neuerkundete Lagerstätten ist bei der Einteilung in die einzelnen Kohlensorten auch gegenwärtig noch die Tabelle aus der „1. Braunkohleninstruktion" nach RAMMLER/BILKENROTH zugrunde zu legen. Dabei ist für die Kokskohle zu beachten, daß die dort verlangten Parameter zwar notwendig, aber nicht ausreichend sind. Es sind in jedem Falle die Ergebnisse von technologischen Versuchen und makropetrographischen Flözaufnahmen sowie deren Auswertung beizubringen.

Für in Abbau stehende Lagerstätten ist beim Nachweis der Kohlensorten wie folgt zu verfahren:

Liegt der Verwendungszweck der Kohle fest und erfolgte die gesamte qualitätsmäßige Untersuchung des Rohstoffs dementsprechend, so sind die Kohlensorten in der Berechnung nach dem Verwendungszweck (auf der Grundlage der bestätigten Konditionen) zu erfassen, darzustellen und auszuweisen[6]). Der Anteil der einzelnen Kohlensorten auf der Grundlage der Tabelle nach RAMMLER/BILKENROTH braucht nur prozentual ausgewiesen zu werden.

Ist der Verwendungszweck noch nicht geklärt bzw. ändert er sich, so hat die Erfassung der Kohlensorten wie bei neuerkundeten Lagerstätten zu erfolgen. Wird die Kohle verschiedenen Verwendungszwecken zugeführt, dann sind die Kohlensorten nach den entsprechenden Konditionen auszuweisen.

5. Zur Eingruppierung und Einstufung in die Vorratsgruppen und Vorratsklassen

5.1. Berechnung und Eingruppierung von Außerbilanzvorräten

Es gelten hierfür die Festlegungen der „2. Vorratsklassifikation" sowie der „1. Braunkohleninstruktion". Für einzelne Fälle sind jedoch nachstehend angeführte Abweichungen zulässig, die für jeden Einzelfall ausführlich im Textteil begründet sein müssen.

[6]) An dieser Stelle sei nochmals auf die Behandlung der Zwischenmittel bei Mitgewinnung mit dem Rohstoff verwiesen. In solch einem Falle ist bei der Qualitätsausweisung darauf zu achten, daß das Zwischenmittel mit 100% Asche (wf) einzusetzen ist und somit eine Minderung der Qualität des Rohstoffs bedingt.

5.1.1. Außerbilanzvorräte zwischen 1 m und 2 m Kohlenmächtigkeit

Die „1. Braunkohleninstruktion" verlangt unter Pkt. 3.2.4, daß Braunkohlenvorräte mit Mächtigkeiten zwischen 1 m und 2 m als Außerbilanzvorräte auszuweisen sind. Diese Festlegung betrifft Braunkohlenflöze, die eine größere flächenhafte Verbreitung mit dieser Mächtigkeit besitzen und für eine Gewinnung gegebenenfalls zu einem späteren Zeitpunkt interessant werden können. Unter diesem Aspekt ist eine Berechnung sinnvoll und notwendig. Nicht erforderlich ist die Berechnung schmaler Randstreifen mit diesen Mächtigkeiten im Bereich der Endschaft eines Flözes. Für solche Fälle trifft die Festlegung der „Instruktion" nicht zu. Die 1-m-Isopache ist jedoch in den Rissen darzustellen und die nichterfolgte Berechnung im Textteil anzuführen und zu begründen.

5.1.2. Ewige Sicherheitspfeiler und abseits gelegene Restpfeiler

Die Punkte 3.2.8.2. und 3.2.8.3. der „1. Braunkohleninstruktion" sind überholt. Vorräte in solchen Feldesteilen sind wie folgt zu behandeln:

a) Ewige Sicherheitspfeiler: Die durch ewige Sicherheitspfeiler abgegrenzten Vorräte sind bei der ersten Vorratsberechnung mit zu berechnen und ihre Mengen anzugeben. Sie gehen jedoch nicht in die Bilanz ein. Die Bestätigung dieser Sicherheitspfeiler durch die Oberste Bergbehörde bzw. eine andere Dienststelle muß vorliegen und ist abschriftlich der Vorratsberechnung beizufügen.

Sind die Grenzen der ewigen Sicherheitspfeiler noch nicht endgültig festgelegt und bestätigt, so ist die dafür in Frage kommende Fläche mit einem entsprechenden Vermerk in die jeweilige Vorratsklasse einzubeziehen. Die Begrenzung für die Vorratsberechnung sollte grundsätzlich — unter Berücksichtigung der Böschungsneigung — senkrecht erfolgen. Bei befristeten Sicherheitspfeilern ist analog zu verfahren.

b) Abseits gelegene Restpfeiler: Ist durch die Projektierung vorgesehen, daß Feldesteile nicht mit abgebaut werden und nach Auskohlung des Feldes sogenannte abseits gelegene Restpfeiler darstellen, so sind sie zunächst gesondert zu berechnen und in der Bilanz auszuweisen. Ist der Abbau an ihnen vorbeigegangen, so daß ein Verlust vorliegt (= projektierter Verlust), dann sind die Vorräte aus der Bilanz zu tilgen.

5.1.3. Salzkohlen

Salzkohlen im Sinne der „Braunkohleninstruktion" sind zunächst ohne Berücksichtigung des Na_2O-Gehaltes entsprechend den Analysenergebnissen wie alle anderen Kohlensorten zu berechnen und zu bilanzieren (s. Pkt. 4). Da die Technologie der Verarbeitung von Salzkohlen gegenwärtig noch nicht vollständig geklärt ist, sind sie generell als Außerbilanzvorräte zu führen. Ausnahmen hiervon bilden nur solche Felder, für die belegt werden kann, daß der geförderte Rohstoff gegenwärtig verwertbar ist.

5.2. Zur Einstufung in die Vorratsklassen

Auch hierfür gelten die Festlegungen der „2. Vorratsklassifikation" sowie der „1. Braunkohleninstruktion". Ausnahmen sind nur in begründeten Fällen zulässig. Es ist besonders auf die Festlegung in der „2. Vorratsklassifikation" unter § 5.2 zu achten. Diese besagt:

„Die Einstufung der Vorräte in eine der vorgenannten Klassen ist von der Erfüllung aller für sie gestellten Bedingungen abhängig. Bei Nichterfüllung einer einzigen müssen die Vorräte in die entsprechend niedrigere Klasse eingestuft werden."

In fast allen vorgelegten Vorratsberechnungen erfolgte die Einstufung nur nach dem Bohrlochabstand. Das ist unzulässig und entspricht nicht den Forderungen der „Klassifikation". Der Bohrlochabstand ist nur ein Kriterium für die klassenmäßige Einstufung. Daneben ist noch entscheidend die Klärung der Qualität des Rohstoffs einschließlich der Technologie seiner Verarbeitung sowie der bergtechnischen und hydrogeologischen Bedingungen zum Abbau des Rohstoffs.

Als einziger Abweichung von der „2. Vorratsklassifikation" hat die ZVK zugestimmt, daß ein Grenzstreifen (nach Pktn. 1.1.2 und 3.1.2), der an einen Vorratsblock der Klasse A angrenzt, ebenfalls in Klasse A eingestuft werden kann.

6. Konditionen zur Berechnung der Vorräte

Die „Richtlinie der ZVK über Form und Inhalt von Vorratsberechnungen" fordert eine offizielle Bestätigung der Konditionen durch die Staatliche Plankommission (SPK) oder einer von dieser bevollmächtigten Institution. Das kann für die einzelnen Braunkohlenwerke die zuständige VVB Braunkohle sein.

Nach KAUTZSCH & RICHTER (1961) sind

„Konditionen ein Komplex minimaler — in gewisser Richtung auch maximaler — Forderungen, welche die Industrie für die Nutzung eines mineralischen Rohstoffes gegenwärtig und in der nächsten Zukunft an den Rohstoff stellt".

Wenn die Konditionsfestlegung Schwierigkeiten bereitet, sind als Mindestanforderungen an den Rohstoff die Lieferbedingungen der Abnehmerbetriebe (Kokerei, Brikettfabrik, Kraftwerk, Schwelerei u. a.) zu betrachten. Hierzu kommen in bestimmten Fällen durch die Projektierung vorgegebene Mindestmächtigkeiten sowie maximale D:K- und Ar:K-Verhältnisse, die ökonomisch begründet und bestätigt sein müssen.

Diese Forderungen sind als vorläufige Konditionen von den zuständigen Stellen zu bestätigen und mit der Vorratsberechnung der ZVK einzureichen. Die Braunkohlenwerke sind dafür verantwortlich, daß diese vorläufigen Konditionen rechtzeitig von der übergeordneten Leitung (SPK, evtl. VVB) bestätigt werden.

7. Industrielle Einschätzung der Lagerstätte

Dieser Abschnitt, der als Pkt. 9 im Textteil zur Vorratsberechnung gefordert wird, bezieht sich nicht nur auf neuerkundete Lagerstätten, sondern auch auf bereits im Abbau stehende.

Danach ergänzen bzw. verändern sich die dort aufgeführten Punkte für das Mineralgebiet Braunkohle wie folgt:

Förderzahlen (Abraum, Kohle), Geräteauslastung, Flözausbringen, Selbstkosten pro t Kohle und m^3 Abraum, Investvorhaben, Verhältnis Kohle- zu Wasserförderung, Verluste (Größe und Begründung).

Die angeführten Kennziffern können sich um spezielle, für einzelne Werke charakteristische Punkte erweitern. Dabei sind gleichzeitig Vergleiche mit anderen Werken sowie dem VVB-Durchschnitt zu bringen.

Diese Angaben sollten zweckmäßigerweise von den Ökonomen der einzelnen Werke bzw. der zuständigen VVB zusammengestellt und der Vorratsberechnung beigelegt werden. Der Abschnitt „Industrielle Einschätzung der Lagerstätte" ist für die Beurteilung der Vorräte unerläßlich.

8. Nutzbare Rohstoffe im Deckgebirge

8.1. Begleitflöze im Hangenden oder Liegenden des zum Abbau vorgesehenen bzw. im Abbau stehenden Flözes

Gemäß den Forderungen der „1. Braunkohleninstruktion" sind alle nachgewiesenen Braunkohlenflöze mit einer Mächtigkeit > 1 m zu berechnen und zu bilanzieren. Das gilt somit auch für die Begleitflöze (z. B. Ober- und Unterbegleiter des zweiten Lausitzer Flözes) oder tiefer gelegenen Flöze (drittes und viertes Lausitzer Flöz, eozänes Flöz im Bitterfelder Revier u. a.), wenn sie dem Abbau nicht unterliegen bzw. ihr Abbau noch nicht geklärt ist.

Es sind somit sämtliche im Bereich der Lagerstätte anstehenden Braunkohlenflöze, deren Mächtigkeit > 1m und wenn eine größere zusammenhängende Fläche vorhanden ist, zu erfassen, darzustellen und zu berechnen.

Wird in einem bestätigten Projekt festgelegt, daß dieses Flöz nicht abgebaut wird, so ist es zu berechnen, wird aber nicht bilanziert. Eine entsprechende Begründung ist im Abschnitt „Industrielle Einschätzung der Lagerstätte" zu geben.

Ist die Gewinnung des Flözes noch nicht geklärt, so ist es gemäß den Festlegungen und Richtlinien der ZVK zu bilanzieren und einzustufen.

8.2. Lagerstätten der Steine und Erden im Deckgebirge

Über die Notwendigkeit der Erfassung nutzbarer Rohstoffe im Deckgebirge und die entsprechenden Richtlinien hierzu hat MEHNER (1961) nähere Ausführungen gebracht. Hier sei auf diese verwiesen und lediglich zu Anfragen Stellung genommen, die dort nicht behandelt worden sind.

a) Wenn keine für eine Vorratsberechnung ausreichenden Dokumentationen sowie Qualitätsuntersuchungen vorliegen, genügt es, im Textteil auf die nutzbaren Rohstoffe im Deckgebirge einzugehen und die vorhandenen Kenntnisse zusammenzufassen. Der Betrieb ist jedoch verpflichtet, sich mit den zuständigen Stellen, wie Geologischer Erkundungsbetrieb, Abt. Geologie, beim Rat des Bezirkes oder Bezirksbauamt, in Verbindung zu setzen, diesen das Material zur weiteren Bearbeitung und Auswertung zu übergeben und die Erkundung zu veranlassen.

b) Wurde bereits eine Vorratsberechnung über nutzbare Rohstoffe im Deckgebirge angefertigt, genügt im Textteil die Angabe, welcher Betrieb die Erkundung durchführte, die Vorratsberechnung anfertigte und ob diese von der ZVK bestätigt wurde. Ferner sind diese Vorratsziffern anzuführen.

Zusammenfassung

Im vorliegenden Beitrag wurden einige Fragen, die bei der Anfertigung von Vorratsberechnungen auftreten, erläutert. Spezifische Einzelheiten bzw. Besonderheiten bestimmter Lagerstätten müssen in individuellen Konsultationen diskutiert und geklärt werden.

Wichtig, weil Grundlage für alle Arbeiten, ist die kritische Auswertung der vorliegenden Bohrergebnisse. Die Bohrverfahren und ihre Aussagekraft sowie die Verwertbarkeit der dokumentierten Angaben bleiben einem besonderen Aufsatz vorbehalten.

Резюме

В статье освещаются некоторые вопросы, возникающие при составлении подсчета запасов. Специфические детали или особенности определенных месторождений должны быть обсуждены и выяснены в отдельных консультациях.

Важно критическое использование имеющихся данных бурения; оно является основой всех работ. В специальной статье автор сообщит способы бурения, надежность полученных при этом данных и степень возможности использования документаций.

Summary

The article deals with some problems relating to the preparation of reserve calculations. Specific details and peculiarities respectively of certain deposits must be discussed and settled in individual consultations.

Owing to its basis for all works a critical evaluation of present drilling results is important. The drilling methods and their force of evidence as well as the utilization of the data demonstrated are reserved to a special article.

Literatur

KAUTZSCH, E. & G. RICHTER: Erkundungsstadien und Konditionen. — Z. angew. Geol., 7, 560—562, Berlin 1961.

MEHNER, W.: Erfassung und Berechnung nutzbarer Rohstoffe im Deckgebirge der Braunkohlenfelder. — Z. angew. Geol., 7, 563—564, Berlin 1961.

PROKOFJEW, A. P.: Vorratsberechnung mineralischer Rohstoffe. — Verl. Technik, Berlin 1956.

SCHELLMOSER, K.: Zur Berechnung von Vorräten nach der Isolinienmethode. — Z. angew. Geol., 8, 15—18, Berlin 1962.

STAMMBERGER, F.: Welche Methoden der Vorratsberechnung sind dem Praktiker zu empfehlen? — Z. angew. Geol., 1, 159—163, Berlin 1955.

— Einführung in die Berechnung von Lagerstättenvorräten fester mineralischer Rohstoffe. — Akad.-Verl., Berlin 1956.

Begriffsbestimmungen für den Braunkohlenbergbau. — Beil. Freiberger Forsch.-H. A 96, Akad.-Verl., Berlin 1958.

Klassifikation der Lagerstättenvorräte fester mineralischer Rohstoffe der Deutschen Demokratischen Republik (2. Vorratsklassifikation fester mineralischer Rohstoffe vom 31. 1. 1962). — Z. angew. Geol., 8, 494 bis 496, Berlin 1962.

Instruktion zur Anwendung der „Klassifikation der Lagerstättenvorräte fester mineralischer Rohstoffe" auf Braunkohlenlagerstätten der DDR. — Z. angew. Geol., 6, 222—226, Berlin 1960.

Vorläufige Anweisung der ZVK über die Erfassung und Berechnung nutzbarer Rohstoffe im Deckgebirge der Braunkohlenfelder. — Z. angew. Geol., 7, 534, Berlin 1961.

Richtlinien der ZVK über Form und Inhalt von Vorratsberechnungen. — Z. angew. Geol., 7, 479—482, Berlin 1961.

Niederschriften und Protokolle der ZVK-Sitzungen. — Unveröffentlicht.

Instruktion zur Anwendung der „Klassifikation der Lagerstättenvorräte fester mineralischer Rohstoffe" auf Sand- und Kieslagerstätten in der DDR

1. Instruktion Sand und Kies
vom 25. 7. 1962

INHALT

1. Die Rohstoffe und ihre Lagerstätten in der DDR

1.1. Sande und Kiese sind Lockergesteine verschiedener Körnung und petrographischer Zusammensetzung; sie sind durch Wasser oder Wind umgelagerte Verwitterungsprodukte älterer Gesteine. Die Grenze zwischen Sanden und Kiesen wird meist bei 2 mm Korndurchmesser gelegt.

1.2. An Sande und Kiese werden von der verarbeitenden Industrie nach dem jeweiligen Verwendungszweck unterschiedliche Anforderungen gestellt.

1.2.1. Die Qualitätsansprüche an Sande und Kiese für Bauzwecke (Feinputzsand, Grobputzsand, Mauersand, Betonsand und Betonkies) sind in den entsprechenden TGL aufgeführt.

1.2.2. Gießereisande sind nach TGL 8262 zu beurteilen, wobei besonders auf die Unterteilung in Quarzsand und Formsand zu achten ist. Der Hauptbedarf der Gießereien erstreckt sich auf die Korngrößenbereiche MK 1 bis MK 6 (Tab. 2 der TGL 8262) bei Quarzsanden und auf die Formsandsorten F 12 bis F 30 (Tab. 1 der TGL 8262).

1.2.3. Glassande sind sehr reine und feinkörnige Quarzsande mit engem Kornbereich und mindestens 98% SiO_2. Der zulässige Gehalt an Eisenverbindungen und anderen färbenden Bestandteilen richtet sich nach den jeweils herzustellenden Glassorten.

1.2.4. Neben den genannten Einsatzmöglichkeiten werden Sande z. B. als Rohstoffe zur Herstellung von Kalksandstein, Schaumsilikat, Gasbeton, als Zuschläge und Magerungsmittel in der keramischen Industrie, als Gebläsesand und Kies als Filterkies verwendet. Die für den jeweiligen Verwendungszweck erforderlichen Eigenschaften des Rohstoffs sind vom Verbraucher anzugeben.

1.3. Die Sand- und Kieslagerstätten der DDR lassen sich nach Größe, Form, Struktur und stofflicher Zusammensetzung in mehrere Typen gliedern, zu deren Untersuchung — nach Art und Umfang — ein unterschiedlicher Aufwand erforderlich ist und bei deren Vorratsberechnung verschiedene Voraussetzungen erfüllt sein müssen.

1.3.1. Lagerstättentyp I

Großflächige Lagerstätten regelmäßiger Form und ungestörter Lagerung, die in ihrer Mächtigkeit und stofflichen Zusammensetzung keine für Abbau und Verarbeitung des Rohstoffs wesentlichen Unterschiede aufweisen.

1.3.2. Lagerstättentyp II

Kleine ungestörte Lagerstätten, die in Form, Mächtigkeit und stofflicher Zusammensetzung keine für Abbau und Verarbeitung des Rohstoffs wesentlichen Unterschiede bzw. Erschwernisse aufweisen. Ferner Lagerstätten des Typs I, bei denen sekundäre Vorgänge, wie Auswaschungen, geringe Schichtendeformationen und größere Mächtigkeitsschwankungen, den Abbau und Unterschiede in der stofflichen Zusammensetzung des Rohstoffs dessen Verarbeitung beeinflussen.

1.3.3. Lagerstättentyp III

Großflächige und kleine Lagerstätten unregelmäßiger Form mit bedeutenden Veränderungen auf kurze Entfernungen hinsichtlich Mächtigkeit, Lagerung und stofflicher Zusammensetzung.

1.3.4. Einzelne Teile einer großen Lagerstätte können zu verschiedenen Lagerstättentypen gehören. Die Zuordnung einer Lagerstätte oder ihres Teiles zu einem bestimmten Lagerstättentyp ist im geologischen Bericht zur Vorratsberechnung ausreichend zu begründen.

2. Die Untersuchung der Rohstoffe und der Lagerstätten

Die durchgeführten Untersuchungen können nur dann als ausreichend angesehen werden, wenn zuverlässige Angaben über die Substanzmenge, die Qualität des Rohstoffs und die geologisch-abbautechnischen Verhältnisse vorliegen, d. h., wenn auf Grund der Untersuchungsergebnisse eine einwandfreie Vorratsberechnung und industrielle Einschätzung der Lagerstätte möglich ist.

Die Erfüllung dieser Forderung wird am Untersuchungsgrad der Lagerstätte gemessen, der sich aus Erkundungs- und Erforschungsgrad zusammensetzt.

2.1. Der Erkundungsgrad

Zum Erkundungsgrad gehören: die Art der durchgeführten Erkundungsarbeiten, ihr spezifischer Umfang und ihr Gesamtumfang, ihre Verteilung auf der Lagerstätte und die Qualität ihrer Durchführung, die Zuverlässigkeit der Lagerstättenumgrenzung (horizontal und vertikal), die Entnahme von Untersuchungsmaterial für die Ermittlung der Qualität des anstehenden Rohstoffs und für technologische Versuche; ferner die exakte Dokumentation aller dieser Arbeiten.

2.1.1. Die Abstände der Bohrungen (Schürfe) sind vom Lagerstättentyp abhängig. Sie können nicht für jeden konkreten Fall vorgeschrieben, sondern müssen vom Erkundungsgeologen ermittelt werden. Die in Tab.1 (Pkt. 6.1.) angegebenen Richtwerte stützen sich auf die praktische Erfahrung in der DDR und unterstellen durchschnittliche Lagerstättenverhältnisse des betreffenden Typs; Übergänge von einem Typ zum anderen und Abweichungen vom Durchschnitt werden in der Praxis häufig angetroffen. Der Erkundungsgeologe ist daher verpflichtet, die Richtigkeit der von ihm gewählten Erkundungsabstände (auch bei Übernahme der Richtwerte) zu begründen.

2.1.2. Die Erkundungsaufschlüsse müssen bis ins Liegende des in die Berechnung eingehenden Rohstoffkörpers gestoßen werden.

Eine Ausnahme ist dann gestattet, wenn die unteren Partien des Rohstoffkörpers wegen Qualitätsverschlechterung oder zu großer Teufe für den Abbau nicht vorgesehen sind. In diesen Fällen ist das Liegende bzw. der Liegendteil des Rohstoffkörpers durch Einzelaufschlüsse im notwendigen Umfang zu klären.

2.1.3. Der Enddurchmesser der Bohrungen muß eine ausreichende und einwandfreie Probenahme ermöglichen.

2.1.4. Die Bemusterung

Zur Bemusterung gehören folgende Arbeitsprozesse: Probenahme, Probenvorbereitung und Probenuntersuchung.

2.1.5. Wenn nicht das Material aus allen Bohrungen (Schürfen) untersucht wird, ist bei der Probenahme darauf zu achten, daß einerseits die Zahl der zu untersuchenden Proben der Ausdehnung der Lagerstätte entspricht, andrerseits die Proben möglichst gleichmäßig über die Lagerstätte verteilt sind und alle Rohstoffqualitäten und Schichten erfassen, die bei einer späteren Nutzung abgebaut werden.

2.1.5.1. Das Material aus einer Bohrung (Schurf) dient in der Regel für mehrere Proben (Einzelproben) oder eine Gesamtprobe (Mischprobe).

Diese Proben können nur in besonders zu begründenden, von geologischen und technologischen Sonderverhältnissen abhängigen Fällen mit Proben aus anderen Bohrungen in Gruppenproben zusammengefaßt werden.

2.1.5.2. In den einzelnen Aufschlüssen sind Schichten und Partien mit unterschiedlicher qualitativer Beschaffenheit möglichst getrennt als Proben zu nehmen. Ausgenommen sind solche Fälle, in denen unterschiedliche Partien nur gemeinsam gewonnen werden können. In diesen Fällen müssen auch unbrauchbare Zwischenmittel (z. B. Schluffe und xylitisch durchsetzte Lagen) in die Mischprobe eingehen.

2.1.5.3. Für die zur Qualitätsbestimmung notwendigen Probenmengen gelten die entsprechenden Vorschriften (TGL, Standards usw.).

2.1.5.4. Die Probenahme hat durch den Erkundungsgeologen bzw. nach dessen Anweisung durch einen Vertreter zu erfolgen.

2.2. Der Erforschungsgrad

Zum Erforschungsgrad gehören Untersuchungen zur Rohstoffqualität (mineralogische, chemische, aufbereitungstechnische u. a.), der verarbeitungstechnologischen Eigenschaften, der bergtechnischen Verhältnisse, die geologische Analyse aller Erkundungsdaten und die Erforschung der Lagerstättengenese.

2.2.1. Die Rohstoffuntersuchung hat die stoffliche Zusammensetzung und die physikalischen Eigenschaften sowie die Verteilung der festgestellten

Qualitäten in der Lagerstätte zu ermitteln. In jedem konkreten Fall muß das Untersuchungsprogramm mindestens auf die vorgesehene Verwendung (unter Berücksichtigung der von der verarbeitenden Industrie an den Rohstoff gestellten Güteanforderungen) ausgerichtet werden; dabei ist besonders auf die für bestimmte Erzeugnisse schädlichen Beimengungen im Rohstoff (z. B. Abschlämmbares, organische Substanz, Eisengehalt) zu achten.

2.2.1.1. Sind Verwendung und verarbeitender Betrieb noch unbekannt, sind vielseitige Untersuchungen des Rohstoffs durchzuführen, auf Grund deren die zweckmäßigste Verwendungsmöglichkeit ermittelt werden kann (vgl. Tab. 2, Pkt. 6.4.).

2.2.1.2. Sande und Kiese für die Bauindustrie werden nach den bestehenden TGL untersucht (vgl. 6.3).

Betonzuschlagstoffe müssen in Zweifelsfällen einer Eignungsprüfung unterzogen werden. (Z. B. sind bei schlechter Kornform, niedriger Korneigenfestigkeit, Gehalten an organischen und abschlämmbaren Bestandteilen, die sich in der Nähe der Zulässigkeitsgrenzen bewegen, die Druckfestigkeiten des Betons zu prüfen.)

2.2.1.3. Siebanalysen und quantitative chemische Analysen von Glassanden sind nach Verfahren durchzuführen, die mit der verarbeitenden Industrie festzulegen sind (vgl. 6.3).

2.2.1.4. Gießereisande sind nach den bestehenden TGL und anderen Vorschriften zu prüfen.

2.2.1.5. Zur Durchführung von Kontrollanalysen sind die entsprechenden Richtlinien der ZVK zu beachten. Die kontrollierten Ergebnisse sind dann eindeutig und für die Vorratsberechnung brauchbar, wenn z. B. die Untersuchungsergebnisse des Werkes und des Spezialinstituts keine für den Verwendungszweck wesentlichen Abweichungen aufweisen.

2.2.1.6. Dienen die der ZVK zur Bestätigung eingereichten Vorratsberechnungen als Grundlage für die Projektierung eines neuen oder die Rekonstruktion eines bestehenden Werkes, sind nötigenfalls Produktionsversuche nach der vorgesehenen Technologie durchzuführen.

2.2.2. Die Klärung der abbautechnischen Verhältnisse

Zur Klärung der abbautechnischen Verhältnisse von Sand- und Kieslagerstätten sind Wasserstand und Wasserzuflüsse zu ermitteln sowie Hinweise auf die günstigste Anlage der Grube, der Strossen und die günstigste Abbautechnologie zu geben (Gewinnung mit Saugpumpen, getrennte Gewinnung über und unter dem Wasserspiegel usw.).

3. Die Einstufung der Vorräte in die Vorratsgruppen und -klassen

Die Bestimmungen der „Klassifikation der Lagerstättenvorräte fester mineralischer Rohstoffe der DDR" werden zur Einstufung von Sand- und Kiesvorräten wie folgt angewandt:

3.1. Die Einstufung in Vorratsgruppen erfolgt auf Grund bestätigter Konditionen, die alle zur Beurteilung des Rohstoffs, seiner Gewinnung und Verarbeitung erforderlichen Kennziffern enthalten müssen. Diese Konditionen hat der Erkundungsgeologe von der verarbeitenden Industrie oder dem Auftraggeber einzuholen. Sie sind von der SPK bzw. der von ihr beauftragten Institution (VVB, Bezirk) zu bestätigen und abschriftlich der Vorratsberechnung beizulegen.

3.1.1. Die Konditionen müssen alle Qualitätsmerkmale enthalten, die für den jeweiligen Verwendungszweck maßgebend sind. Dazu gehören z. B. Kornaufbau, petrographische Zusammensetzung, Kornform, Gehalt an organischen und abschlämmbaren Bestandteilen, an Eisenverbindungen und anderen färbenden Verunreinigungen.

3.1.2. Die Konditionen bei Gewinnung im Tagebau müssen ökonomisch begründete Grenzwerte für die Mächtigkeit des Nutzbaren (= N) und das Verhältnis von Abraum zu Nutzbarem (= A : N) enthalten. Dazu können folgende Erfahrungs-(Richt-)Werte angegeben werden, die jedoch nicht schematisch übernommen werden dürfen:

3.1.2.1. Die Mindestmächtigkeit N beträgt im allgemeinen 3 m, bei hochwertigen Rohstoffen 2 m.

3.1.2.2. Das Verhältnis A : N überschreitet im Durchschnitt nicht den Wert 1 : 2, bei hochwertigen Rohstoffen im allgemeinen nicht den Wert 1 : 1. Bei ungünstigerem A : N-Verhältnis muß in der Regel die Nutzungsmöglichkeit des Abraums gegeben sein.

3.1.2.3. Wenn erforderlich, ist die max. Abraummächtigkeit gesondert festzulegen.

3.1.3. Vorräte, bei denen die Konditionen erfüllt sind, sind Bilanzvorräte.

3.1.4. Vorräte, bei denen die Konditionen nicht erfüllt sind, die jedoch in Zukunft bei vorauszusehender technischer Entwicklung abgebaut werden können, sind Außerbilanzvorräte.

3.1.5. Anstehende Rohstoffmengen, die auch in Zukunft eindeutig nicht gewonnen werden können, sind nicht zu berechnen.

3.1.6. Prognostische Vorräte werden für Sand- und Kieslagerstätten gewöhnlich nicht berechnet. Eine Ausnahme bilden teilerkundete Lagerstätten, bei denen das Aushalten des Rohstoffkörpers und seiner Qualität für große nichterkundete Flächen vorausgesagt werden kann und diese vorausgesagten Vorräte für die industrielle Einschätzung der Lagerstätte von wesentlicher Bedeutung sind. Sie werden von der ZVK begutachtet, aber nicht bestätigt.

3.2. Die Einstufung in die Vorratsklassen

3.2.1. Zur Klasse A (a) gehören Vorräte, die so untersucht wurden, wie es § 5 der Vorratsklassifikation definiert. Bei Sand- und Kieslagerstätten ist dazu erforderlich:

3.2.1.1. Der betreffende Lagerstättenteil (Block) wurde nach den in Tab. 1 angegebenen Richtwerten bzw. in für A ausreichenden Abständen erkundet. Die Erkundungsdaten wurden lückenlos ausgewertet.

3.2.1.2. Auf Grund der vorliegenden Untersuchungsergebnisse sind Veränderungen in der festgestellten Qualität, z. B. wesentliche Änderungen der Kornzusammensetzung, Zunahme des Anteils an schädlichen Bestandteilen, nicht zu erwarten. Innerhalb der Berechnungsgrenzen (für Bilanzvorräte) wurden nur den Konditionen entsprechende Verhältnisse angetroffen.

3.2.1.3. Der abgegrenzte Block liegt innerhalb des inneren Umrisses.

3.2.2. Zur Klasse B (b) gehören Vorräte, die so untersucht wurden, wie es § 5 der Vorratsklassifikation definiert. Bei Sand- und Kieslagerstätten ist dazu erforderlich:

3.2.2.1. Der betreffende Lagerstättenteil (Block) wurde nach den in Tab. 1 angegebenen Richtwerten bzw. in für B ausreichenden Abständen erkundet.

3.2.2.2. Die für Klasse B vorgesehenen Untersuchungen wurden lückenlos durchgeführt und für eine eindeutige Beurteilung des Vorrats innerhalb des Blockumrisses ausgewertet.

3.2.2.3. Ton- und Schluffeinlagerungen oder andere nicht den Konditionen entsprechende Bereiche innerhalb des Blockes wurden größenordnungsmäßig festgestellt.

3.2.2.4. Die Abgrenzung dieser Vorräte erfolgt in der Regel durch den inneren Lagerstättenumriß. In besonders zu begründenden Fällen (naher Sicherheitspfeiler, benachbarte natürliche Lagerstättengrenzen) kann ein Grenzstreifen bis zum halben Erkundungsabstand in die gleiche Klasse bei aushaltender Qualität und Mächtigkeit des Rohstoffs einbezogen werden.

3.2.3. Zur Klasse C_1 (c_1) gehören Vorräte, die so untersucht wurden, wie es § 5 der Vorratsklassifikation definiert. Bei Sand- und Kieslagerstätten ist dazu erforderlich:

3.2.3.1. Der betreffende Lagerstättenteil (Block) wurde nach den in Tabelle 1 angegebenen Richtwerten erkundet bzw. in Abständen, die der Klasse C_1 bei den vorliegenden Verhältnissen entsprechen. Die Erkundungsdaten wurden lückenlos ausgewertet.

3.2.3.2. Die Mächtigkeit und Qualitäten des Rohstoffs wurden mit ausreichender Zuverlässigkeit ermittelt, Abbau- und Aufbereitungstechnologie sind in bezug auf die hauptsächlichen Kennziffern geklärt.

3.2.3.3. Vorräte dieser Klasse sind in Übereinstimmung mit § 8.2 der Klassifikation bei entsprechenden geologischen Verhältnissen im Anschluß an Vorratsblöcke der Klassen A und B zu extrapolieren. Sie liegen in diesen Fällen im Grenzstreifen zwischen dem inneren und äußeren Umriß der Lagerstätte.

3.2.3.4. Je nach den Ergebnissen der Erkundungsaufschlüsse auf dem inneren Umriß wird durch Profilkonstruktion oder andere Methoden der Extrapolation der äußere Umriß gezogen. Bei formalen Entscheidungen darf ein halber Erkundungsabstand für Klasse C_1 nicht überschritten werden.

3.2.3.5. Werden an Vorräte der Klasse C_1 im inneren Umriß bei günstiger geologischer Situation keine Vorräte der Klasse C_2 (s. Pkt. 3.2.4.4) extrapoliert, kann in den berechneten C_1-Block ein extrapolierter Grenzstreifen einbezogen werden. Seine Breite darf einen halben Erkundungsabstand für Klasse C_1 bei formalen Entscheidungen der Extrapolation nicht überschreiten.

3.2.3.6. Liegen Sicherheitspfeiler, natürliche Lagerstättengrenzen usw. in Entfernungen vom inneren Umriß, die geringer als ein Erkundungsabstand von C_1 sind, kann der extrapolierte Grenzstreifen in Abweichung von Pkt. 3.2.3.4 und 3.2.3.5 bei entsprechenden geologischen Voraussetzungen bis zu diesen erweitert werden.

3.2.3.7. Fehlende Extrapolation ist in jedem Falle zu begründen.

3.2.4. Zur Klasse C_2 (c_2) gehören Vorräte, die so untersucht wurden, wie es § 5 der Vorratsklassifikation definiert. Bei Sand- und Kieslagerstätten ist dazu erforderlich:

3.2.4.1. Der betreffende Lagerstättenteil (Block) wurde nach den in Tab. 1 angegebenen Richtwerten bzw. in für C_2 ausreichenden Abständen erkundet. Die Erkundungsdaten wurden lückenlos ausgewertet.

3.2.4.2. Die Mächtigkeiten und Qualitäten des Materials, desgleichen die Möglichkeiten des Abbaus und der Verarbeitung sind in den Grundzügen bekannt.

3.2.4.3. Schließen die nachgewiesenen Vorräte an untersuchte Lagerstättenteile an, können die Qualitäten und technologischen Eigenschaften des Rohstoffs in Analogie übernommen werden. Handelt es sich um Vorräte in erstmalig erkundeten Lagerstätten, müssen ihre Qualitäten und technologischen Eigenschaften durch Untersuchung einzelner Proben bestimmt werden.

3.2.4.4. Vorräte der Klasse C_2 sind an Vorräte höherer Klassen bei günstigen Ergebnissen der Randbohrungen in Übereinstimmung mit § 8.2 der Klassifikation zu extrapolieren, bei formalen Entscheidungen maximal bis zum halben Erkundungsabstand der Klasse C_2.

3.2.4.5. Werden nur Vorräte der Klasse C_2 nachgewiesen, kann über den inneren Lagerstättenumriß hinaus ein Grenzstreifen bei günstigen geologischen Verhältnissen in die gleiche Klasse einbezogen werden. Bei formalen Entscheidungen darf ein halber Erkundungsabstand für C_2 nicht überschritten werden.

3.2.4.6. Liegen Sicherheitspfeiler, natürliche Lagerstättengrenzen usw. in Entfernungen vom inneren Umriß, die geringer als ein Erkundungsabstand von C_2 sind, kann der extrapolierte Grenzstreifen in Abweichung von Pkt. 3.2.4.4. und 3.2.4.5. bei entsprechenden geologischen Voraussetzungen bis zu diesen erweitert werden.

3.2.4.7. Fehlende Extrapolation ist in jedem Falle zu begründen.

4. Allgemeine Berechnungs- und Bilanzierungsgrundsätze

4.1. Vorräte in „ewigen Sicherheitspfeilern" werden berechnet, aber nicht bilanziert.
Vorräte in befristeten Sicherheitspfeilern sind gesondert zu berechnen und zu bilanzieren.
Böschungen der Sicherheitspfeiler werden bei der Berechnung der Vorräte berücksichtigt.

4.2. Abbauverluste werden gemäß § 6.2 der Klassifikation nicht berücksichtigt.

4.3. Abseits gelegene Teil- oder Restvorräte werden entsprechend ihrer ökonomischen Bedeutung in Bilanz- bzw. Außerbilanzvorräte eingestuft oder als Verlust ausgewiesen.

4.4. Die Vorräte an Sanden und Kiesen werden in Volumeneinheiten (1000 m^3) angegeben. Die Angabe in Gewichtseinheiten (Masse) ist zulässig, wenn die Rohstoffdichte bestimmt wurde.

4.5. Werden in der Lagerstätte mehrere Rohstoffe, z. B. Sande und Kiese unterschiedlicher Verwendbarkeit, angetroffen und können diese getrennt gewonnen werden, sind sie getrennt zu berechnen. Ist das nicht möglich, sind die Rohstoffanteile überschlägig in Prozenten anzugeben.
Können diese Rohstoffe nur gemeinsam gewonnen werden, muß das zulässige Mischungsverhältnis geklärt und durch ihre Bemusterung festgestellt werden, ob die berechneten Vorräte als Ganzes und die geplante Abbauführung laufend eine solche Mischung gewährleisten. Wenn das nicht zutrifft, ist auf diesen Umstand zu verweisen und sind entsprechende Vorschläge für die Nutzung der Lagerstätte zu machen.

4.6. Werden bei der Erkundung neben dem gesuchten Rohstoff im Deckgebirge andere nutzbare Rohstoffe festgestellt, z. B. wertvolle Tone, sind auch diese zu untersuchen und deren Vorratsberechnungen der ZVK einzureichen.

4.7. Wiederholte Extrapolation ist unzulässig.
Extrapolation nach der Tiefe ist vorzunehmen, wenn einzelne tiefere Bohrungen das Aushalten des Rohstoffkörpers beweisen und eine moderne Abbautechnologie dessen Gewinnung gestattet.

4.8. Von den in den Richtlinien der ZVK geforderten Unterlagen sind der Vorratsberechnung beizugeben:
Berechnungsrisse und -karten i. M. 1:5000 und größer für die Vorratsklassen A bis C_1,
bei großflächigen Lagerstätten 1:10000 und größer für die Vorratsklasse C_2,
charakteristische Schnitte mit Kennzeichnung des Rohmaterials, der bemusterten Bohrstrecken, der Wasserstände, der Lagerstättengrenzen usw.,
Analysenberichte, Prüfzeugnisse und bestätigte Abschrift der Konditionen,
Berechnungstabellen der Durchschnittsmächtigkeiten,
Schichtenverzeichnisse bzw. ausführliche Bohrtabellen oder Säulenprofile.
Die Vorratsrisse haben, möglichst auf einem Riß, auszuweisen:
Mächtigkeiten des Abraums, des Rohstoffs und nichtverwertbarer Zwischenmittel für jeden Erkundungsaufschluß,
Markierung der bemusterten Bohrungen (Schürfe) und Lage der Schnitte,
Lagerstättenbegrenzung, Teilblöcke und Vorratsklassen.

4.9. Gemäß der ZVK-Richtlinie über Form und Inhalt von Vorratsberechnungen ist in den Vorratsberechnungen eine industrielle Einschätzung der erkundeten Vorräte mit allen notwendigen Kennziffern zu geben:

vorgesehene oder optimale Jahresförderung und Lebensdauer des Werkes, Umfang der vorgesehenen Direkt- und Nachfolgeinvestitionen, Amortisationszeit, Selbstkosten je Förder- oder Produktionseinheit im Vergleich mit analogen Betrieben oder dem Durchschnitt des betreffenden Industriezweiges. Diese Kennziffern sind nötigenfalls vom Werk oder Projektierungsbüro bzw. Bezirk oder von der VVB einzuholen.

5. Die volkswirtschaftliche Bedeutung der Vorräte

5.1. Die im Kap. V der 2. Vorratsklassifikation fester mineralischer Rohstoffe formulierte volkswirtschaftliche Bedeutung der einzelnen Vorratsklassen und ihrer Gesamtheit wird für Sand- und Kieslagerstätten durch Instruktionen und Weisungen der Staatlichen Plankommission bestimmt.

5.2. Für Entscheidungen, die durch diese Weisungen nicht berührt werden, sind die entsprechenden Festlegungen der Vorratsklassifikation maßgebend.

6. Anhang

6.1. Tabelle 1
Richtwerte für die Erkundungsabstände in Sand- und Kieslagerstätten

Lagerstättentyp	Abstände in m für Vorräte der Klassen A	B	C_1	C_2
I	100	200	400	800
II	50	100	200	400
III	–	50	100	200

6.2. Richtlinien für Erkundungs- und Erforschungsarbeiten, Vorratsberechnungen u. a.

1. Vorläufige Arbeitsanweisung zur Felddokumentation geol. Erkundungsarbeiten der Staatl. Geol. Kommission. — Z. angew. Geol., H. 11 und 12 (1956).
2. Vorläufige Arbeitsanweisung der Staatl. Geol. Kommission zur Kernentnahme und Kernbehandlung bei geol. Erkundungsarbeiten. — Z. angew. Geol., H. 11 und 12 (1956).
3. Vorläufige Richtlinien für die organisatorische Durchführung und die Kontrolle chemisch-analytischer Arbeiten. — Z. angew. Geol., H. 3 (1959).
4. Richtlinien der ZVK über Form und Inhalt von Vorratsberechnungen. — Z. angew. Geol., H. 9 (1961).
5. Klassifikation der Lagerstättenvorräte fester mineralischer Rohstoffe der DDR vom 31. 1. 1962. — Z. angew. Geol., H. 9 (1962).

6.3. Einige TGL, Standards und vorläufige Gütekennziffern der Industrie (Orientierungswerte) für die Rohstoffe Sand und Kies

TGL 8262 — Gießereisande
Fachbereichstandard (FBS) 117/0068 — Körnungen für Sand, Kies und zerkleinerte Natursteine

1. Technische Forderungen für Glassande (Entwurf des Inst. f. Glastechnik)

a) Sorten

Forderungen Prozente bezogen auf die bei 110 °C getrocknete Substanz		Sorten 1	2	3	4	5
SiO_2	% min.	99,8	99,7	99,5	99,0	98,0
Fe_2O_3	% max.	0,005	0,008	0,015	0,025	0,08
$Cr_2O_3 + NiO + CaO + CuO + MnO_2$	% max.	0,0002		0,0005	0,001	0,01
$Al_2O_3 + TiO_2$	% max.	0,1	0,1	0,3	0,5	1,0
$CaO + MgO$	% max.	0,05	0,06	0,2	0,3	0,5
$Na_2O + K_2O$	% max.	0,05		0,1	0,2	
Glühverlust	% max.	0,1		0,2	0,3	0,6

Anmerkung: Sorte 1: nur durch zusätzliche Aufbereitung erhältlich
,, 2: frühere Bezeichnung OP
,, 3: ,, ,, I
,, 4: ,, ,, II
,, 5: ,, ,, III

b) Korngrößenverteilung

Korngröße in mm		Gruppe I	II	III	IV
1 und größer		–	–	–	–
unter 1–0,5	% max.	20	5	2	–
0,5–0,315	% ,,	30	30	5	2
0,315–0,1	% ,,	50	70	95	98
0,1–0,063	% ,,	10	5	5	2
unter 0.063	% ,,	5	1	1	1

2. Vorläufige Gütekennziffern für Gasbeton- u. Schaumsilikatsande:
(Inst. f. Baustoffe, Weimar)
SiO_2 min. 90%
SO_3 max. 1%
Glimmer max. 0,5%
Abschlämmbares max. 3%
Organische Substanz max. 0,3%
Korngröße max. 2,5—3 mm

3. Vorläufige Gütekennziffern der VVB Feuerfest-Industrie für Klebsande:
SiO_2 95—97%
Al_2O_3 1— 3%
Fe_2O_3 max. 0,5 %
Glühverlust max. 0,5%
Kegelfallpkt. min. 27/28

6.4. Tabelle 2
Richtlinie über die wichtigsten Untersuchungen von Sanden und Kiesen

	Kornaufbau	Kornform	Abschlämmb. Bestandteile	Org. Bestandt.	Chem. Zusammensetzung	Petrogr. Zusammensetzung
	A	B	C	D	E	F
Betonzuschlagstoffe	x[1])	x	x	x		x
Bausande u. a.	x		x	x		
Gießereisande	x	x	x	x	x	x
Glassande	x		x	x	x	x

[1]) mit detaillierten Angaben des Überkorns

6.5. Spezialinstitute für Analysen von Sanden und Kiesen
(außer Laboratorien der Werke, der Geologischen Erkundungsbetriebe, des Zentralen Geologischen Instituts, Berlin, und der DAMW-Prüfstellen)

Gießereisande:	Zentralinstitut f. Gießereitechnik, Leipzig W 34, Gerhard-Ellrodt-Str. 24
Feldspatsande u. Glassande:	Institut für angewandte Mineralogie, Dresden A 20, Karcherallee 17 Institut f. Glastechnik, Teil Ilmenau/Thür., Karl-Liebknecht-Str. 25; (evtl. Institut f. Glastechnik, Teil Weißwasser/OL., Straße d. Einheit 2/24)
Klebsande:	VEB Entwicklungsbüro Grobkeram — WTZ der Feuerfest-Industrie, Chem. Labor, Meißen, Brauhausstraße 21
Feldspatsande: (chem. u. phys. Untersuchungen)	Wiss. Techn. Zentrum d. feinkeramischen Industrie, Meißen, Ossietzkystr. 37a
Glassande u. a. Spezialsande:	Institut f. Silikathüttenkunde d. Bergakademie Freiberg, Agricolastr. 17
Quarzsand f. Schaumsilikat u. Gasbeton:	Institut f. Baustoffe, Weimar, Belvederer Allee 17

ZENTRALE VORRATSKOMMISSION
FÜR MINERALISCHE ROHSTOFFE DER DDR
Der Vorsitzende
Stammberger

Über die Erkundungsarbeiten im flözführenden Unterkarbon von Doberlug-Kirchhain (Niederlausitz)[1]

II. Einsatz des Doppelkernrohres System LOOSE

WERNER NÖLDEKE & FRITZ ROHRBECK, Berlin

1. Bemerkungen zur Durchführung der Bohrarbeiten

Bei der Erkundung im Objekt Doberlug mußte das Unterkarbon unter Beachtung des Erkundungsstadiums fortlaufend gekernt werden (vgl. NÖLDEKE & ROHRBECK 1962). Dabei traten durch die intensive Wechsellagerung von Konglomeraten, Grauwacken und Schiefertonen sowie durch die Beschaffenheit des Anthrazits, durch die Vielzahl der Flöze und die Lage derselben zum Nebengestein besondere Schwierigkeiten auf (Abb. 1).

In den Schiefertonen wurden Einfachkernrohre mit Widiastiftkronen eingesetzt. Der Bohrfortschritt betrug in reinen bis sandigen Schiefertonen > 3 min/10 cm. Bei einem höheren Sand- oder Toneisensteingehalt oder bei Vorhandensein von Toneisensteingeoden war er mit bis ca. 20 min/10 cm wesentlich geringer. Die Kronen wurden schnell abgenutzt, und ein häufiger Kronenwechsel war die Folge.

In den Konglomeraten und Grauwacken war dagegen ein Bohren mit den vorhandenen Hartstiftkronen auf Grund ihres hohen Verfestigungsgrades unmöglich. Da Diamantkronen in den zurückliegenden Jahren noch nicht ausreichend zur Verfügung standen, mußten zwangsläufig auch im Flözbereich teilweise Schrotkronen eingesetzt werden. Ihr Einsatz wirkte sich sehr nachteilig aus, wie aus folgenden Tatsachen hervorgeht:

a) Während beim Bohren mit Hartstiftkronen differenzierte Bohrfortschritte auftraten, die den Gesteinswechsel, vor allem das Antreffen von Kohlen anzeigten, waren die Bohrfortschritte der Schrotkronen untypisch. Sie gaben keine zuverlässigen Hinweise über die durchbohrten Gesteine. Der rechtzeitige Kernrohrwechsel war daher beim Anbohren eines Anthrazitflözes nicht gewährleistet. Oft waren es nur die langjährigen Erfahrungen der Bohrmannschaften, die durch den veränderten Gang der Maschine oder plötzlich nachlassenden Vortrieb (die Schrotkörner verpreßten sich z. B. im weicheren Schieferton, der Bohrfortschritt war dadurch äußerst gering) Überbohrungen verhinderten.

b) Die Anhäufung von Schrotkörnern erschwerte die ordnungsgemäße Funktion des Doppelkernrohres (s. weiter unten).

c) Das Vorhandensein von Schrot im Bohrloch machte die Deutung der geophysikalischen Bohrlochdiagramme, insbesondere der elektrischen Messungen, unmöglich[2]).

Die Verwendung von Einfachkernrohren beim Durchbohren der Flöze war auf Grund der Beschaffenheit des Anthrazits nicht möglich. Er zeichnet sich durch seine stückigen, schiefrigen und grusigen Strukturarten aus, die als einzelne Bänke oder in intensiver Wechsellagerung miteinander auftreten können. Charakteristisch ist ferner seine große Sprödigkeit. Der stückige Anthrazit zerfällt bei Beanspruchung entsprechend den Schlechten in parallelepipedische Stücke, teilweise zeigt er einen muscheligen Bruch.

Der schiefrige Anthrazit besteht aus millimeterdünnen Blättchen, die beim Zerbrechen weiter aufspalten. Während stückige Anthrazitbänke bei verhältnismäßig kurzen Kernmärschen mit dem Einfachkernrohr noch erbohrt werden konnten, war bei intensiver Wechsellagerung oder bei alleinigem Vorhandensein von schiefriger oder grusiger Kohle kein Kerngewinn zu erhalten. Letztere wurde beim Bohrvorgang so weit aufgerieben, daß sie von der Spülung aufgenommen und im Sandfänger oder erst über Tage in der Spülrinne zum Absatz gelangte. Somit waren Mächtigkeits- und Qualitätsangaben nicht möglich. Federringe in den Einfachkernrohren, Nachräumer u. a. konnten diese Lücke nicht schließen. Ebenso war das von der Geophysik vorgenommene Kernschießen in der Doberluger Kohle ein in den meisten Fällen unzureichendes Hilfsmittel, das den fehlenden Kern keinesfalls ersetzen konnte.

2. Die Kerngewinnung in der Kohle

Eine zufriedenstellende Lösung war auf Grund der Erfahrungen nur mit dem Einsatz von Doppelkernrohren zu erreichen, d. h. mit Kernrohren, bei denen der Kern in einem nicht rotierenden Innenrohr ruhig lagert und vor dem Spülstrom geschützt aufgenommen wird. Von den in der DDR bis 1956 existierenden Doppelkernrohren eignete sich jedoch keines für die Doberluger Kohle. Erst das in der nachfolgenden Zeit entwickelte Doppelkernrohr System LOOSE brachte in der Qualität des geologischen Aufschlusses bei Flözdurchbohrungen eine grundlegende Wende. Es entstand aus der Summe der Erfahrungen, die mit denen älterer und neuerer Bauart gemacht wurden. Bei dem Doppelkernrohr mit zurückstehender Innenschneide z. B. wurde die schiefrige und grusige Kohle durch den mit relativ starkem Druck auftreffenden Spülstrom weggeführt und ging verloren. Deshalb ließ man später die Innenschneide gegenüber den Kronenstiften gering vorauseilen. Mit diesem in Entwicklung befindlichen Doppelkernrohr konnten im Zwickauer Karbon erste gute Erfolge erzielt werden (BLÜHER 1957).

In Doberlug bewährte sich diese Konstruktion nicht mit gleichem Erfolg. Die Vorbelastung der Vorschneide war zu groß. Sie mußte den Kern bei den ersten mm allein freischneiden, bevor die Kaliberstifte der Bohrkrone wirksam wurden. Dabei wurde der Kern mit großem Druck in das Innenrohr hineingepreßt und der weiche Kohlenkern zerdrückt. Bereits nach kurzem Bohrmarsch traten Verklemmungen auf, so daß in der Kohle oft die Bohrgarnitur gezogen werden mußte. Ein vollständiges Durchbohren des gesamten Flözprofiles einschließlich der Zwischenmittel war daher nicht möglich. Waren bei dem Doppelkernrohr mit zurückstehender Innenschneide die Bohrfortschritte noch verhältnismäßig differenziert und für die graphische Ermittlung der Kohlenmächtigkeiten brauchbar, so wurden sie durch die auftretenden Verklemmungen der zweiten erwähnten Art so verfälscht, daß sie für die geologische Auswertung unbrauchbar wurden. Gleiche Beobachtungen wurden von BLÜHER (1957) auch im Zwickauer Karbon gemacht. Bei den später eingesetzten Doppelkernrohren wurde die Vorschneide dann so eingestellt, daß sie mit den Kaliberstiften der Stufenkrone auf gleicher Höhe bzw. nur ganz gering zurück stand. Dadurch wurden die Kaliberstifte beim Bohrvorgang zuerst wirksam und der Kern sofort von der Vorschneide und dem Innenrohr aufgenommen. Dieses Doppelkernrohr zeigte sehr differenzierte Bohrfortschritte.

Weiterhin war es notwendig, die Fangvorrichtung zu verändern. Die bei den Doppelkernrohren älterer Bauart vorhandenen entsprachen nicht mehr den Erfordernissen. Sie verhinderten ein reibungsloses Hineingleiten des Kernes

[1]) Eingang des Manuskripts in der Redaktion: 7. 8. 1962.
[2]) Hierüber wird in einer weiteren Veröffentlichung eingehend berichtet.

in das Innenrohr und stellten auch keinen ausreichenden Schutz gegen den Verlust des Bohrkernes dar (z. B. Bischofsmütze).

Erst die von LOOSE in das Doppelkernrohr eingebaute Fangvorrichtung brachte den entscheidenden Umschwung in der Kerngewinnung (Deutsches Wirtschaftspatent 5a/42087). Sie verhinderte selbst in schlecht kernfähigem Gebirge ein Verlieren des Bohrgutes. Die Fangvorrichtung besteht aus vier Herzblättern, vier Druckhebelstangen mit den an ihrer Rückseite ansitzenden Druckfedern und der Kernfanghülse (Abb. 2, 3 und 4). Der von der Stufenkrone freigeschnittene und von der Vorschneide aufgenommene Kern gleitet an den von ihm „aufgeklappten" Herzblättern vorbei in das aufklappbare Schatullenrohr. Die Druckhebelstangen liegen dabei in den in der Kernfanghülse ausgesparten Ausschnitten. Die Druckfedern üben einen leichten Druck auf die Druckhebelstangen aus und drücken diese gegen den Kern. Wird das Doppelkernrohr nach Beendigung des Kernmarsches gezogen, kann der Kern in zweierlei Art gefangen werden:

a) Wenn der Kern direkt an der Krone abreißt, hält die an den Druckhebelstangen und an der Unterseite der Herzblätter angebrachte und nach oben gerichtete Riffelung den Kern fest.

b) Wenn der Kern im Bereich der Fangvorrichtung abreißt, werden die Herzblätter durch den auf die Druckhebelstangen vom Kern ausgeübten Druck in die waagerechte Stellung gebracht, wodurch das Kernrohr nach unten verschlossen wird. Der eventuell an der Bohrlochsohle stehengebliebene Rest von ca. 10 cm wurde in der Regel beim nachfolgenden Kernmarsch gewonnen.

Der Kerngewinn mit dem Doppelkernrohr System LOOSE betrug im Durchschnitt der letzten zweieinhalb Jahre in den Flözen 90%! (Abb. 5.) Voraussetzung dafür war der technisch einwandfreie Zustand und der rechtzeitige Einsatz des Doppelkernrohres.[3]

In der ersten Zeit übernahm eine im Bohrfeld errichtete Spezialwerkstatt die Wartung der Doppelkernrohre. Sie wurden hier nach jedem Einsatz zerlegt, gesäubert, abgeschmiert und eingestellt. Erst nachdem im Stützpunkt eine ausreichende Anzahl von Doppelkernrohren vorhanden und die Schichtführer der Bohranlagen mit den Besonderheiten des Doppelkernrohres vertraut waren, übernahmen sie selbst diese Aufgaben. Die Spezialwerkstatt befaßte sich dann nur noch mit weiteren Verbesserungen usw.

Um die Ursachen der anfangs durch geringfügige technische Unzulänglichkeiten verschiedentlich noch eingetretenen Kernverluste möglichst bald zu erkennen und die Fehlerquellen zu beseitigen, wurde für jedes Doppelkernrohr die übliche „Lebenslaufakte" geführt. In diese wurden sämtliche Einsätze und etwaige Vorkommnisse eingetragen. So traten z. B. mehrfach Stauungen im Hülsenteil auf, die ihre Ursache in den zu straffen Blattfedern der Druckhebelstangen der Fangvorrichtung hatten. Dadurch waren die Stangen nicht elastisch genug, sie erzeugten eine Verengung des Querschnittes, die der Kohlenkern nicht überwinden konnte. Besondere Aufmerksamkeit mußte auf die Gewährlei-

[3]) Bei dieser Gelegenheit möchten die Verf. Koll. HANS LOOSE für die im Stützpunkt Doberlug geleistete Arbeit danken.

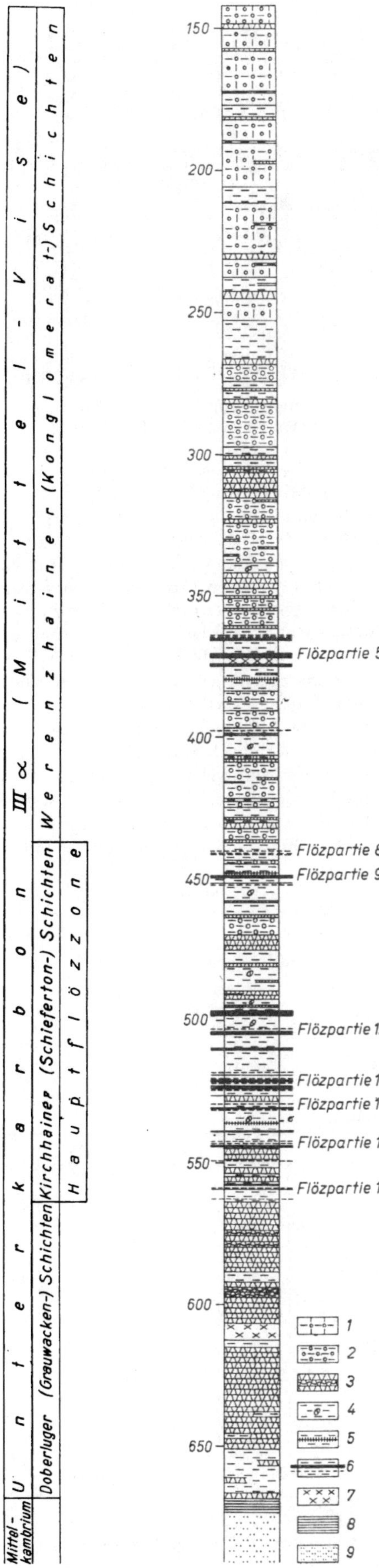

Abb. 1. Schichtenschnitt durch das Unterkarbon, Bohrungen D 40 und D 70

1 — Grauwacken-Sandstein-Mergelsand; 2 — Kieselschiefer-Konglomerat; 3 — Grauwacke (mit Wurmröhren); 4 — Schieferton (mit Toneisensteingeoden); 5 — Schieferton (mit Toneisensteinlage); 6 — Flözpartie; 7 — Paläandesit; 8 — Tonschiefer; 9 — Quarzit

stung des richtigen Kaliberschnittes gerichtet werden. Bei sandigen Schieferton- oder Grauwackenzwischenmitteln nutzten sich die Kaliberstifte verhältnismäßig schnell ab, so daß der erforderliche Vorschnitt nicht mehr gewährleistet war. Dadurch entstand die Gefahr, daß bei Antreffen eines Steinkohlenflözes diese Schichten in der Vorschneide verpreßten und zerrieben wurden. Für das Doppelkernrohr mit 133 mm Außendurchmesser betrug der Vorschnittdurchmesser 59,5—59,8 mm, so daß der Kern ohne Schwierigkeiten in das Innenrohr mit einem Durchmesser von 60 mm hineingleiten konnte.

Voraussetzung für einen vollen Erfolg war vor allem der rechtzeitige Einsatz des Doppelkernrohres. Doch hier gab es Schwierigkeiten, die aus der Lage einzelner Flöze (z. B. 16, 15, 11 und 8) unter Grauwacken und Konglomeraten sowie dem für diese Verhältnisse — wie eingangs erwähnt — nicht geeigneten Bohrwerkzeug (Schrotkrone) resultierten. Nur solange mit Hartstiftkronen gebohrt wurde, war der Übergang von Schieferton zu Kohle bzw. Brandschiefer durch Ansteigen der Bohrfortschritte auf < 3 min/10 cm eindeutig festzustellen. Das Flöz wurde etwa 10 cm angebohrt und die Schwarzfärbung der Spülung als Indikator nicht abgewartet. Demzufolge konnte mit direkter Spülung gearbeitet werden.

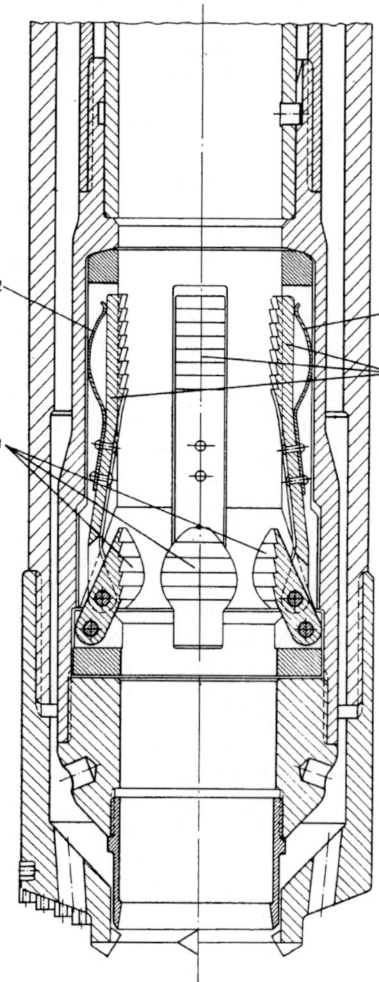

Abb. 2. Kronenteil des Doppelkernrohres System LOOSE mit Fangvorrichtung (schematischer Schnitt)
1 — Druckhebelstangen; 2 — Druckfedern; 3 — Herzblätter

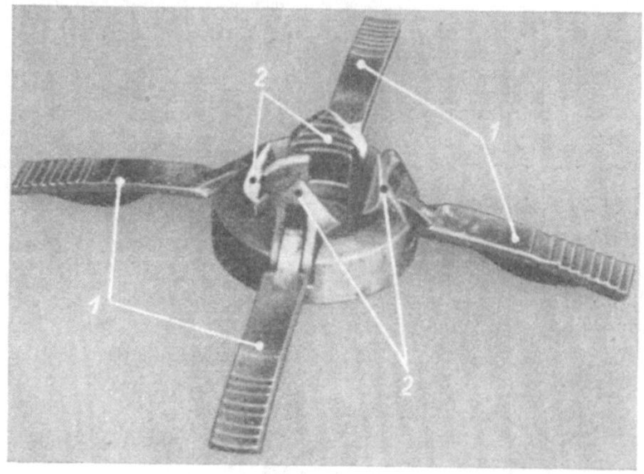

Abb. 3. Aufgeklappte Fangvorrichtung
1 — Druckhebelstangen; 2 — Herzblätter

Allerdings machte sich das Fehlen von Stratigraphen wiederholt nachteilig bemerkbar. Diese hätten jede subjektive Beeinflussung der mit der Uhr vorgenommenen Bohrfortschrittsmessung vermieden.

Bei Flözen, deren Hangendschichten (Grauwacken und Konglomerate) mit Schrot durchbohrt wurden, war der rechtzeitige Einsatz der Doppelkernrohre nicht immer gewährleistet. Die Folgen waren Überbohrungen. Die Flöze mußten durch Ablenkung nachträglich aufgeschlossen werden, was zusätzliche finanzielle Aufwendungen nach sich zog. Die Qualität des geologischen Aufschlusses wäre bei Nichtanwendung der Schrotkronen für alle Flöze gleichermaßen sehr gut gewesen. Leider konnte diese Improvisation mit dem in den Grauwacken- und Konglomeratschichten verwendeten Bohrwerkzeug bis zum Abschluß der Erkundungsarbeiten im Gebiet von Doberlug von seiten der Bohrtechnik nicht behoben werden.

Staatl. Geol. Kommission
Objektgruppe Dob.-Kirchhain

Flözprotokoll

Bohrung: Geräte-Nr.: Tag d. Durchbrg.:
Bohrart: Drehzahl: $\min^{-1}$
Pumpendruck: atü Bohrlast: t
Spülung:
pH-Wert: spez. Gew.: kp/dm^3
Viskosität: sec Sandgehalt: %

Bohrfortschritte:

Teufe	min	sec	Teufe	min	sec

Kernmarsch: Kerngewinn: Kernverlust:
Begrd. f. Kernverlust:
Kernverlust an Krone:
Bemerkungen: z. B. Verpressung, Schrot, Spülung usw.
(Schichtführer) (Geol. Aufsicht)

Jeder Doppelkernrohreinsatz wurde nur bei Anwesenheit und unter Kontrolle eines geologischen Mitarbeiters der Objektgruppe durchgeführt und protokollarisch unter Angabe der technischen Werte, des Kerngewinns, der Begründung für etwaige Kernverluste usw. festgehalten (s. Tab.).

Im Gegensatz zum Nebengestein wurden die Bohrfortschritte beim Durchbohren eines Flözes mit dem Doppelkernrohr alle 5 cm (min/5 cm) gemessen. Dadurch war eine bessere Auswertbarkeit für die Festlegung der Grenzen zwischen Kohle und Nebengestein möglich.

Bereits während des Bohrvorganges konnte die einwandfreie Funktion des Doppelkernrohres beurteilt werden, da bei aufgetretenen Verklemmungen u. dgl. der Bohrfortschritt rapid absank. Die Bohrfortschritte wurden in Flözprofilen im Maßstab 1:10 dargestellt und in Verbindung mit dem Kerngewinn die Teufenlage und Mächtigkeit der Flöze bestimmt (Abb. 6). Nach Vorliegen der geophysikalischen Bohrlochmessungen wurden die Teufen — sofern notwendig — entsprechend korrigiert. Von Fall zu Fall wurden Kontrollmessungen des Gestänges durchgeführt.

Die Länge der Kernmärsche im Flözbereich ist von den Ausmaßen der Doppelkernrohre und auch vom Flözaufbau abhängig. Die ersten Doppelkernrohre hatten eine Nutzlänge von 1,00 m, die späteren 1,80 und 2,50 m. Nach Möglichkeit wurde das Flöz in seiner Gesamtmächtigkeit in einem Kernmarsch durchbohrt, andernfalls wurde im Zwischenmittel gezogen.

Die Doppelkernrohre wurden im Erkundungsgebiet Doberlug auf KAM-500-, kombinierten Rotary-Seilschlag- (leicht und schwer) und AKB-1000-Anlagen eingesetzt.

Als günstigste Drehzahl erwiesen sich 90 bis 120 U$\cdot$min^{-1}. Der günstigste Pumpendruck lag etwa zwischen 5—10 atü und die Bohrlast bei etwa 1000 kp. Zum Einsatz gelangten Doppelkernrohre mit einem Außendurchmesser von 133 mm (Kerndurchmesser ca. 60 mm), um ausreichendes Probenmaterial für die Sink- und Schwimmanalyse zu erhalten. Doppelkernrohre mit einem Außendurchmesser von 108 mm wurden nur in Ausnahmefällen (Ablenkungen usw.) verwendet.

Die hier gemachten Ausführungen dürften erkennen lassen, daß das Doppelkernrohr System LOOSE erst die Voraussetzung für die verstärkte Fortführung der Bohrarbeiten schuf, nachdem diese vor 1956 wegen fehlender Kerngewinne auf ein bis zwei Bohranlagen reduziert wurden. Ohne den Einsatz dieser weiterentwickelten Kerngarnitur wäre die Realisierung des geplanten Bohrprogramms nicht zu vertreten bzw. möglich gewesen (vgl. auch NÖLDEKE & ROHRBECK 1962). Damit ist der ökonomische Nutzen dieser Kerngarnitur erwiesen. In enger Zusammenarbeit zwischen Bohrtechnik und Geologie wurde somit die Grundlage für einen ordnungsgemäßen Aufschluß geschaffen.

Durch den Einsatz dieses Bohrwerkzeuges war es dann auch möglich, in den Teilen der Werenzhainer Mulde die Kohlenführung nachzuweisen, in denen ehemalige Bearbeiter auf Grund hoher Kernverluste und wegen angeblicher flözfeindlicher Fazies das Auftreten bilanzwürdiger Flöze verneinten.

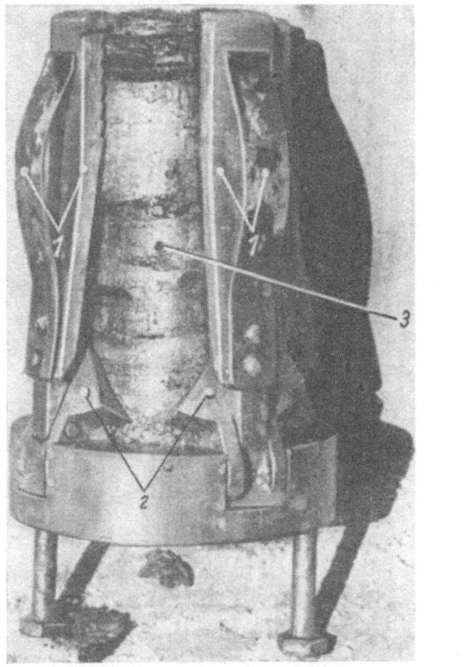

Abb. 4. Fangvorrichtung mit Kern
1 — Druckhebelstangen mit Druckfedern; 2 — Herzblätter; 3 — Kern

Im Rahmen des von PICARD bearbeiteten N—S-Profiles durch die Werenzhainer Mulde traf z. B. die Altbohrung D III das Unterkarbon in der vollen Entwicklung an. Die hierüber vorhandenen Unterlagen weisen eine beträchtliche, wenn auch mit Unsicherheiten behaftete Flözführung aus. Daraufhin wurde 1953/54 unmittelbar daneben die Kontrollbohrung D 36 niedergebracht. Das geologische Ziel wurde damals wegen Fehlens geeigneter Bohrwerkzeuge nicht erreicht. Im Flözbereich traten erhebliche Kernverluste in Verbindung mit Bohrfortschritten auf, die Kohlen- bzw. Brandschieferablage-

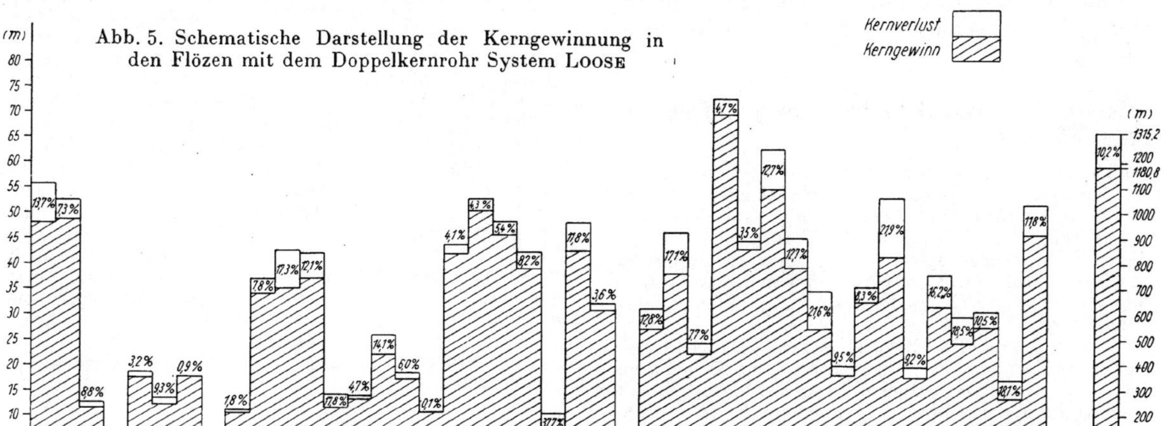

Abb. 5. Schematische Darstellung der Kerngewinnung in den Flözen mit dem Doppelkernrohr System LOOSE

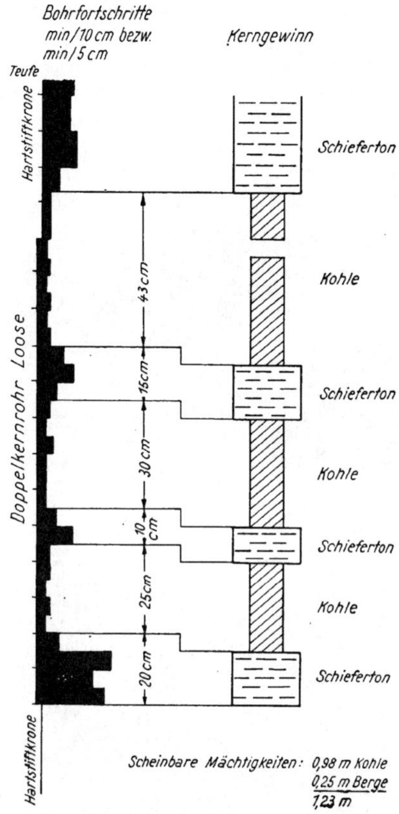

Abb. 6. Bestimmung der Teufenlage und Mächtigkeit der Flöze mit Hilfe der Bohrfortschritte

rungen erkennen ließen. Die Ersatzbohrung D 36 E 1954/55 wurde von der gleichen Bohrmannschaft und -anlage wiederum ohne Erfolg niedergebracht.

Nachdem die seit 1956 systematisch im Netz abgebohrten Bohrungen D 40—D 100 im nördlichen Teil der Werenzhainer Mulde eine gute Kohlenführung nachwiesen, wurde eine dritte Bohrung neben der Altbohrung D III niedergebracht, um endgültige Klarheit über diesen Lagerstättenteil zu erlangen. Die 1958 gestoßene Bohrung D 36 K erbrachte unter Verwendung des Doppelkernrohres System Loose endlich den erforderlichen Aufschluß. Die erbohrte Kohlenführung (Flöze > 0,40 m) beträgt 8,90 m. Die Gesamtkosten für die drei Bohrungen D 36, D 36 E und D 36 K sind mit rund 900000 DM ausgewiesen. Für die Kontrollbohrung D 36 K wurden davon 150000 DM aufgewendet.

3. Einsatz des Doppelkernrohres System Loose in Lockersedimenten

Die Verwendung dieses Doppelkernrohres wurde auch in schwer kernfähigen Lockersedimenten (nichtbindigen Schichten) des Pleistozäns und Tertiärs mit Erfolg erprobt. Für eine endgültige Beurteilung der Einsatzmöglichkeiten in diesen Schichten genügten die im Objekt gesammelten Erfahrungen noch nicht. Weitere systematische Untersuchungen sollten im Rahmen der Erkundung auf Braunkohle angestellt werden.

Die bei den Bohrarbeiten gemachten Feststellungen sollen hier kurz erwähnt werden. Bekanntlich ist der Kerngewinn in Lockersedimenten auf Grund bisheriger Erfahrungen mit von der Korngröße und Bindigkeit abhängig. Es zeigte sich, daß der Kern mit einer etwas kleineren Dimension als im festen Gestein vorgeschnitten werden muß. Benutzte man die üblichen Kronen mit einem Vorschnitt um 59,5 mm, so verpreßte sich der Kern (Grobsand und Kies) und machte ein weiteres Bohren unmöglich. Daraufhin wurden Kronen mit auswechselbaren Kronenringen mit unterschiedlichem Vorschnitt konstruiert, so daß jedes Doppelkernrohr auch für das Lockergebirge verwendet werden konnte. Ein Nachteil trat ähnlich wie beim Bohren mit Schrot auf, indem hier nicht im Bohrloch vorhandenes Schrot, sondern die grobsandigen und kiesigen Sedimente die Kernfangvorrichtungen mehrfach außer Funktion setzten.

4. Die Weiterentwicklung des Doppelkernrohres

Ein rein bohrtechnisches Problem ist die noch vordringlich zu lösende Aufgabe, inwieweit das Verhältnis von Innen- zu Außendurchmesser der Doppelkernrohre in Zukunft zugunsten eines größeren Kerndurchmessers verbessert werden kann. Im Interesse eines billigeren Aufschlusses müssen auch die Bestrebungen Unterstützung finden, den Bohrlochdurchmesser möglichst klein zu halten. Auf der anderen Seite bestand aber im Objekt Doberlug als neuerkundeter Lagerstätte von aufbereitungstechnischer Seite die Forderung, eine bestimmte Kohlenmenge für die qualitativen Untersuchungen im Laboratorium zu gewinnen. Für die Durchführung der Sink- und Schwimmanalysen war z. B. eine Mindestmenge von 500 g/Probe erforderlich. Für die nächste Zeit besteht die Aufgabe, durch Wegfall der inneren Schatulle, Vereinfachung der Kernfangvorrichtung und andere Verbesserungen die Einsatzmöglichkeiten des Doppelkernrohres Loose z. B. für schwer zu kernende Gesteine des Mesozoikums zu schaffen. Hinweise für die Art der Erhöhung des Wirkungsgrades können die Doppelkernrohre der schwedischen Bohrfirma Craelius geben, die bei gleichen Außendurchmessern einen wesentlich größeren Kerndurchmesser liefern.

Zusammenfassung

Es werden die Verbesserung vorhandener Doppelkernrohre und der erfolgreiche Einsatz des Doppelkernrohres System Loose im Erkundungsgebiet Doberlug geschildert. Mit dieser Weiterentwicklung wurden in den schwer kernfähigen Anthrazitflözen des Unterkarbons Kerngewinne von 80—100% erzielt. Der Durchschnitt über 1200 m Kernstrecke im Flözbereich betrug 90%. Gleichzeitig werden die durch das Schrotbohren im Nebengestein eingetretenen Schwierigkeiten angedeutet, die von seiten der Bohrtechnik wegen Fehlens ausreichender Industriediamanten nicht beseitigt werden konnten. Abschließend wird der mögliche Einsatz des Doppelkernrohrs in Lockersedimenten behandelt und die Forderung gestellt, das Doppelkernrohr Loose zugunsten eines größeren Kerndurchmessers bei gleichbleibendem Außendurchmesser weiter zu verbessern. Voraussetzung für den vor Jahren im Objekt Doberlug erzielten Erfolg war die verständnisvolle Zusammenarbeit zwischen Geologie und Bohrtechnik.

Резюме

Освещаются улучшение существующих двухкерновых буровых труб и успешное использование двухкерновой трубы системы ЛООЗЕ в разведочном районе Доберлуг. С этим прибором удалось получить добычу керна в 80—100% в антрацитовых пластах нижнего карбона, в которых хорошая добыча керна обычно встречает большие трудности. В среднем добыча керна из 1200 м кернового штрека в пределах антрацитовых пластов равнялась 90%. Указывается на связанные с дробовым бурением во вмещающих породах затруднения, которые из-за недостатка в промышленных алмазах не могли быть ликвидированы. В заключение обсуждается возможное использование двухкерновой трубы в рыхлых осадках; выдвигается требование дальнейшего улучшения двухкерновой трубы по ЛООЗЕ в направлении большего диаметра керна при одинаковом наружном диаметре. Предпосылкой для успеха, достигнутого несколько лет тому назад в объекте Доберлуг, явилось разумное сотрудничество геологии с буровой техникой.

Summary

A description is given of the improvement of existing double-core tubings and of the successful use of Loose's type in the Doberlug area of reconnaissance. This improvement enabled to obtain core recoveries ranging from 80 to 100 per cent in the anthracite seams of the Lower Carboniferous difficultly to be submitted to core tests. In the seam area the cores were recovered at an average of 90 per cent for a core distance of 1,200 metres. At the same time difficulties resulting from the shot drill boring in the country rock are indicated. Because of missing industrial diamonds they could not be eliminated by drilling techniques. Finally, possible uses of the double-core tubing in loose sediments are dealt with, and a further improvement of LOOSE's double-core tubing in favour of a larger core diameter at a constant outside diameter is demanded. A prerequisite to the success obtained in the Doberlug object years ago was the understanding cooperation between geology and drilling technique.

Literatur

BLÜHER, H.-J.: Erfahrungen bei der Verwendung von Doppelkernrohren bei Steinkohlenbohrungen. – Z. angew. Geol., 3, 5/6, 240 (1957).

NÖLDEKE, W. & F. ROHRBECK: Über die Erkundungsarbeiten im flözführenden Unterkarbon von Doberlug-Kirchhain N.-L. I. Ablauf der Bohrungen und bergmännischen Arbeiten. – Z. angew. Geol., 8, H. 9, 459–464, Berlin 1962.

Richtungsangabe bei Bohrlochablenkungen[1])

SIEGFRIED VAVAK, Gommern

In unseren Erdöl- und Erdgasbohrbetrieben steht mitunter die Aufgabe, eine gerichtete Bohrung niederzubringen. Dazu ist es notwendig, die im Projekt vorgesehene Richtung der Bohrung in die Örtlichkeit, d. h. an den Bohrlochansatzpunkt, zu übertragen.

Im folgenden soll ein Verfahren beschrieben werden, mit dem es auch den im Bohrfeld tätigen Geologen und Bohrmeistern möglich ist, unter geringem Aufwand an Hilfsmitteln (Geologenkompaß, Fluchtstab, Meßband, Kreide) die Richtungsangabe zu bewerkstelligen. Die Genauigkeit der Absteckung mit dem Geologenkompaß ist bei Berücksichtigung der Toleranzen, die von vornherein bei gerichteten Bohrungen gestattet sind, vollkommen ausreichend.

Zuächst (Abb. 2) sucht man einen Standpunkt (A) auf, der zwei Bedingungen erfüllen muß: Er ist 1. so zu wählen, daß die Eisenmasse auf dem Bohrplatz keinen Einfluß auf die Nordorientierung der Magnetnadel ausübt (erfahrungsgemäß ca. 70 bis 100 m vom Bohrturm entfernt), und 2. muß von diesem Punkt aus der Drehtisch einzusehen sein. Mit Hilfe des Geologenkompasses wird das Streichen(γ) der Linie $\overline{AB}$ (B = Bohrlochmitte) bestimmt. Die Linie wird durch einen Fluchtstab im Punkt A fixiert. Als nächstes legt man den Schnittpunkt (C) der Fluchtlinie $\overline{AB}$ mit der Peripherie des Drehtisches fest. Er wird mit bloßem Auge zwischen Bohrlochmitte und Punkt A eingerichtet und mit Kreide markiert. Somit ist der Drehtisch „orientiert"; denn $\gamma \pm 200^g$ entspricht dem Streichen der Linie $\overline{BC}$.

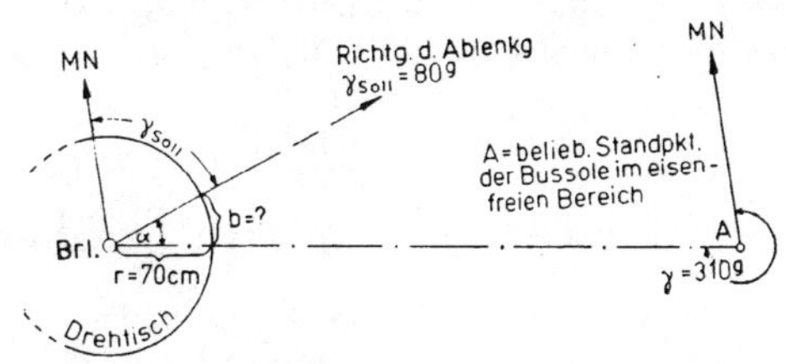

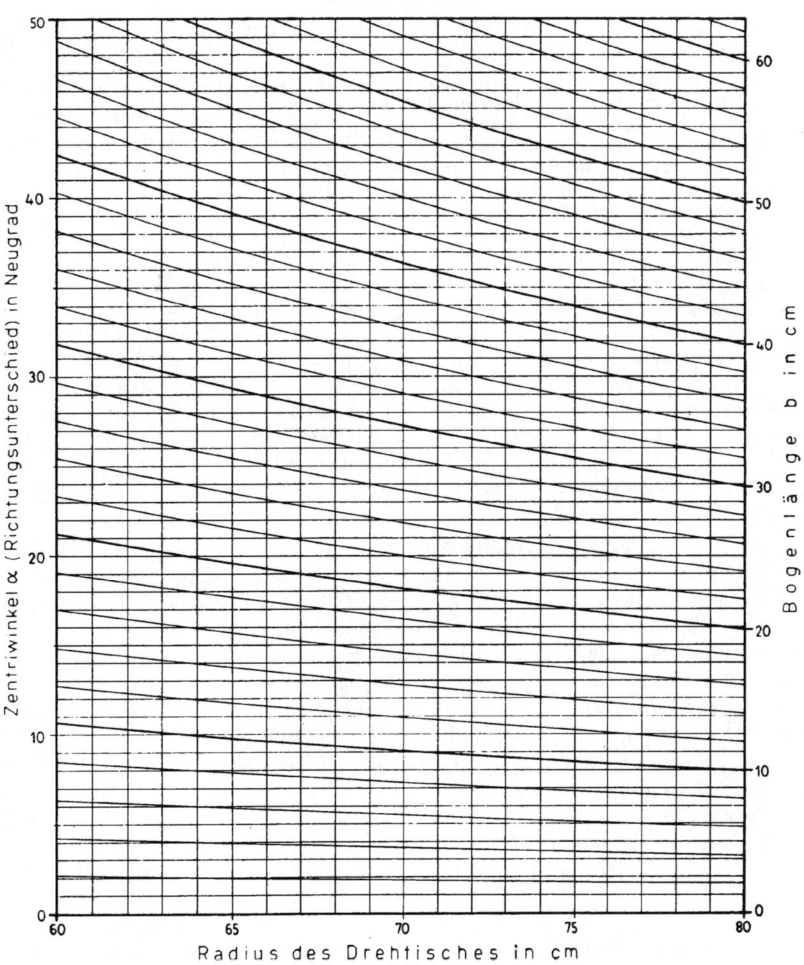

[1]) Eingang des Manuskripts in der Redaktion: 14. 5. 1962

Abb. 1. Abstecken von Richtungen für Bohrlochablenkung

Formel: $\frac{b}{r} = \frac{\alpha}{\rho}$

Bemerkung: Ergibt sich α-, so ist b entgegen dem Uhrzeigersinn abzusetzen. Ist $50^g < \alpha < 100^g$, so gilt das Argument $\frac{\alpha}{2}$. Der aus der Tafel entnommene Wert ist dann mit 2 zu multiplizieren.

Bei $\alpha > 100^g$ und $< 300^g$ empfiehlt es sich, mit $200^g - \alpha$ zu rechnen und b vom gegenüberliegenden Punkt des Drehtisches aus abzusetzen.

Beispiel: $\alpha - \gamma_{Soll} - (\gamma \pm 200^g)$
$- 80^g - (310_g - 200_g)$
$= - 30^g$

Aus Nomogramm entnommen:
$\alpha = - 30^g$; $r = 70$ cm
$b = - 33$ cm

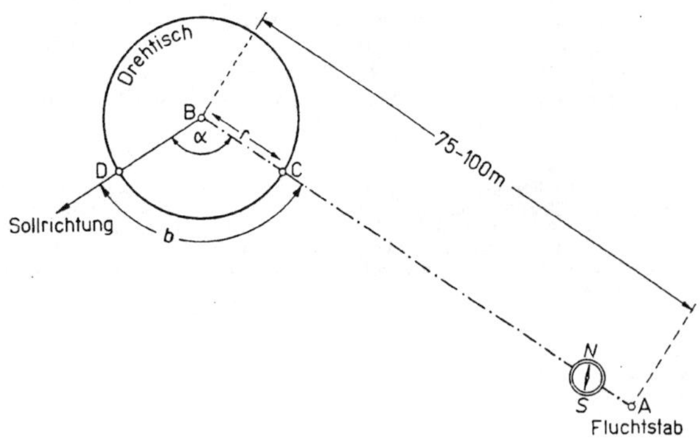

Abb. 2. Anordnung von Fluchtstab und Kompaß zum Drehtisch bei der Richtungsangabe im beschriebenen Verfahren

Durch geeignete Rechnung ist es nun ohne weiteres möglich, jede beliebige Richtung auf dem Drehtisch, ausgehend von der Bohrlochmitte, zu vermarken. Durch Subtraktion (Sollrichtung minus Richtung $\overline{AB}$) erhalten wir den Unterschied (α) im Winkelmaß zwischen der Richtung $\overline{BC}$ und der gesuchten Richtung $\overline{BD}$. Diesen Zentriwinkel müssen wir, um ihn an der Peripherie des Drehtisches von C aus absetzen zu können, in das Bogenmaß umrechnen. Dazu bedienen wir uns der Proportion:

$$\frac{b}{r} = \frac{\alpha}{\rho} \qquad \text{(sog. } \rho\text{-Formel)}$$

wobei b das gesuchte Bogenmaß, r den Radius des Drehtisches, α den durch Subtraktion erhaltenen Winkelwert (Zentriwinkel) und ρ die Zahl 63,7 bei Anwendung von 400^g-Teilung und 57,3 bei Anwendung von 360°-Teilung bedeuten. ρ ist derjenige Zentriwinkel, dessen Bogenmaß gleich dem Radius ist.

Das berechnete Bogenmaß b wird nun vom Punkt C aus an der Peripherie des Drehtisches mit dem Meßband abgesetzt. Zu beachten ist das Vorzeichen: Bei — α erhalten wir — b. Bei positivem Vorzeichen wird b im Uhrzeigersinn, bei negativem Vorzeichen entgegen dem Uhrzeigersinn abgesetzt.

Um eine durchgreifende Kontrolle zu erhalten, empfiehlt es sich, den Punkt A zu verändern und den Vorgang zu wiederholen. Ein Vergleich mit der durch den Kompaß gegebenen Nordrichtung sichert vor groben Fehlern. Das abgebildete Nomogramm (Abb. 1) macht die Rechenarbeit im Feld überflüssig und verdeutlicht nochmals die Zusammenhänge zwischen α, r und b.

MAKAROW, L. W., UdSSR

Bekämpfung von Spülverlusten mit durchgasten Spülungen [1]

Referiert von KURT KAUTER, Berlin

Zur Bekämpfung von Spülverlusten wendet man zur Zeit folgende Verfahren an:

1. Isolierung des Spülverlusthorizonts durch Verrohrung,
2. Überwindung der Spülverlustzone durch Verminderung des Drucks auf die Bohrlochwandung, Verringerung des spezifischen Gewichts der Tonspülung,
3. Verwendung von Bitumen und anderen bindigen Stoffen zum Verstopfen des Spülverlusthorizonts,
4. Torpedierung des Horizonts, Vereisen des klüftigen oder kavernösen Gesteins.

In Nähe der Oberfläche erweist sich die Verringerung des spezifischen Gewichts der Spülung gewöhnlich als besonders vorteilhaft. Bei der Anwendung dieser Methode kann man zwei Wege gehen:

1. Durchgasung der Spülung auf chemischem Wege,
2. Durchgasung der Spülung auf mechanischem Wege.

Bei dem chemischen Verfahren verwendet man gewöhnlich verschiedene Schaumbildner (Keratinleim mit Wasserglas, sowjetischen Detergent u. a.). Solcherart behandelte Spülungen bleiben gewöhnlich stabil und behalten gute Eigenschaften.

Bei dem mechanischen Verfahren wird die Tonspülung entweder über Tage oder im Gestänge mit Luft oder mit Gas vermischt. Hierfür gibt es besondere Arten von Mischern. Spülungen, die auf diese Art behandelt worden sind, bleiben gewöhnlich nicht stabil. Sie neigen zum Zerfall in eine flüssige und eine gasförmige Phase.

Verf. schildert Versuche, die von M. A. GEIMAN & I. I. CHANMURSIN mit sowjetischem Detergent angestellt wurden. Spülungen dieser Art behielten gute spülungstechnische Eigenschaften und waren mit 25—30 at verpumpbar.

Der Druck im Bereich des Spülverlusthorizonts wird nach folgender Gleichung berechnet:

$$P_1 = \gamma_1 (H - h)$$

γ_1 = spez. Gew. der Flüssigkeit im Bohrloch
H = Entfernung der Spülverlustzone vom Bohrlochmund
h = Entfernung vom Bohrlochmund bis zum statischen Wasserspiegel

Spülverlust tritt bei Übersteigen des Drucks im Verlusthorizont durch den hydrodynamischen Druck der Spülungssäule auf.

$$P_2 > P_1$$

P_2 = Druck der Spülungssäule (P_3) und des zusätzlichen Drucks, der durch die Bewegung erzeugt wird (P_4).

$$P_3 = \gamma \cdot H$$

In diesem Falle ist γ = spez. Gew. der Spülungsflüssigkeit. Der zusätzliche Druck erhöht sich mit der Vergrößerung der Aufstiegsgeschwindigkeit der Spülung, der Verkleinerung des Ringraums und der Erhöhung gewisser strukturmechanischer Eigenschaften der Spülung.

Der beim Ein- und Ausbau des Gestänges zu beobachtende „Kolbeneffekt" kann zu einer Steigerung des dynamischen Drucks um 20—30% führen.

Folgende Gleichung bestimmt das maximale Gewicht einer durchgasten, nichtzerfallenden Spülung (ohne Berücksichtigung der Kompressibilität der Gase):

$$\gamma = \frac{\gamma_1 - (H - h) - P_4}{H}$$

Beträgt $P_1 \gg P_2$, kann Schichtwasser ins Bohrloch zutreten. Geschieht dies in geringem Maße, sind keine besonderen Komplikationen beim Bohren zu befürchten. Im gegenteiligen Fall kommt es zur Zersetzung der durchgasten Spülung, zur Verdichtung und zum Spülverlust. Neben dem Zutritt normalen Wassers üben vor allem mineralisierte Wässer einen stark zersetzenden Einfluß aus, wenn sie sich mit der Spülung mischen.

Verf. bringt ein Beispiel von einer durchgasten Spülung mit guten Struktureigenschaften. Sie hatte ein

[1] Aus: Raswedka i ochrana nedr., 10, 33–36 (1961). Übers.: KÄBEL

spez. Gew. von 1,08—1,10 g/cm³, die Viskosität betrug 24—26 s, die Wasserabgabe war 10—12 cm³/30 min. Als Schaumbildner wurde PO—1 verwandt, in dessen Zusammensetzung mit Ätznatron Kerosin (neutralisiert), Tischlerleim und Sprit eingehen. Die Herstellung dieser Spülung im normalen Tonmischer dauerte nur 10—15 min nach der Zugabe des Schaumbildners.

Die Tabelle zeigt die Abhängigkeit des spez. Gew. der durchgasten Spülung von der Konzentration von PO—1.

Tabelle

Menge des PO—1 in Abhängigkeit vom Volumen der Tonspülung in %	Spezifisches Gewicht der gasdurchsetzten Flüssigkeit, g/cm³
0,000	1,08
0,005	1,02
0,008	1,01
0,010	0,99
0,020	0,89
0,030	0,76
0,050	0,61
0,070	0,45
0,100	0,43
0,2	0,40
0,3	0,37
0,5	0,33
1,0	0,30

Bei einer Zugabe von 0,005—0,07% tritt demnach eine starke Verringerung des spez. Gew. ein, was einer Stabilisierung der Lösung entspricht. Bei einer weiteren Konzentrationserhöhung fällt die Wirksamkeit der Gewichtsverringerung. Die Stabilität läßt nach. Experimente ergaben eine zum Teil bedeutende Erhöhung der Viskosität mit zunehmender Durchgasung. Die Wasserabgabe blieb konstant.

In der praktischen Anwendung sind mit solchen Tonspülungen vielfach Spülverluste beseitigt worden. Es werden Beispiele angeführt, bei denen tägliche Verluste von 4,5—10,3 m³/Tag auf diese Art überwunden wurden. Die durchgasten Tonspülungen hatten dabei ein spez. Gew. von 0,8—0,9 g/cm³. Wegen der anfänglich auftretenden Durchmischung der Tonspülung mit dem Schichtwasser ist es ratsam, einen ersten Spülungsschub bald zu ersetzen.

Da aber auch andere Faktoren die Intensität des Spülverlustes beeinflussen, wird empfohlen, auch die anderen erforderlichen Eigenschaften der Spülung genau zu beobachten und zu kontrollieren. Diese Beobachtungen müssen auch die hydraulischen Eigenschaften der Versickerungswege (Form, Querschnitt, Reibungswiderstand etc.) einbeziehen. Bei den entsprechenden Messungen ist zu bedenken, daß durchgaste Spülungen gelegentlich ein anderes physikalisches Verhalten zeigen als normale Tonspülungen. Vergleichsmessungen sind in jedem Fall angebracht. So wird beispielsweise empfohlen, die Wasserabgabe nur nach der Vakuummethode vorzunehmen, weil dem normalen Arbeitsprinzip die Bestimmung der Wasserabgabe unter Druck zugrunde liegt.

Außer den genannten technischen Effekten weist auch die ökonomische Seite gewisse Vorteile auf, weil bei durchgaster Spülung die Spülungsmenge verringert wird und die Kosten pro m³ Flüssigkeit durch den geringeren Ton- und Wasserverbrauch sinken. Die Wertdifferenz zwischen durchgaster Spülung und normaler Tonspülung wurde mit 0,18 Rubel errechnet.

Literatur

ACHUNDOW, B. S.: Anwendung erleichterter Tonspülungen beim Bohren in drainierten Gesteinen. — Novosti neftjanoi techniki (neftjepromyslovoje djelo), vyp. 5 (1954).

GEIMAN, M. A. & I. I. CHANMURSIN: Behebung von Komplikationen beim Niederbringen von Erkundungsbohrungen. — Raswedka i ochrana nedr, 7 (1958).

Eine Klassifikation der unterirdischen Wässer für ingenieurgeologische Zwecke[1])

GÜNTER BACHMANN & FRITZ REUTER, Berlin)

(Mitteilung aus dem Zentralen Geologischen Institut, Berlin)

Einführung

Auf der Arbeitstagung der zeitweiligen ingenieurgeologischen Gruppe des Rates für gegenseitige Wirtschaftshilfe vom 3.—12. Mai 1962 in Berlin wurden in Zusammenarbeit mit den Vertretern der Mitgliederstaaten verschiedene Arbeitsgrundlagen für die Ingenieurgeologie zusammengestellt. Sie sollen die Voraussetzungen für die gegenseitige fachliche Verständigung und die Vereinheitlichung der Arbeitsmethoden schaffen. Durch diese Vereinheitlichung, durch einen ständigen Erfahrungsaustausch und den Austausch von Unterlagen dient diese Zusammenarbeit letzten Endes der allgemeinen Verbesserung und wirtschaftlicheren Durchführung solcher Arbeiten. Die Arbeitsergebnisse dienen in erster Linie der ingenieurgeologischen Kartierung, sind jedoch darüber hinaus für den Gesamtbereich der Ingenieurgeologie von Interesse.

Im Rahmen der Arbeiten stand u. a. auch die Aufstellung einer „Klassifikation der unterirdischen Wässer für ingenieurgeologische Zwecke" zur Diskussion. Hierzu lagen mehrere Vorschläge aus den Mitgliederländern des Rates für gegenseitige Wirtschaftshilfe (RgW) vor, die allerdings fast ausschließlich von Hydrogeologen aufgestellt worden waren und in erster Linie in der Hydrogeologie angewendet werden, ohne auf die speziellen Belange der Ingenieurgeologie einzugehen. Auch die gebräuchlichsten Klassifikationen der UdSSR von F. P. SAWARENSKI, A. N. SEMICHATOW, A. M. OWTSCHINNIKOW, O. K. LANGE und M. E. ALTOWSKIJ standen zur Diskussion. Sie berücksichtigen bei der Einteilung der Wässer die Art der Entstehung, die geologischen Lagerungsbedingungen, die Bewegungsgeschwindigkeit, die Spannungsverhältnisse, die Mineralisation, Temperatur u. a. m. Die Klassifikation nach SAWARENSKI entsprach nach Ansicht der Tagungsteilnehmer am ehesten den Forderungen, die von den Ingenieurgeologen gestellt werden, so daß sie zur Aufstellung einer allgemeinen Klassifikation für ingenieurgeologische Zwecke als Grundlage diente und die Ansichten und Klassifikationen der übrigen teilnehmenden Länder eingearbeitet wurden. Während der Besprechungen zeigte sich, daß es bezüglich der Terminologie

[1]) Eingang des Manuskripts in der Redaktion: 22.6.1962

große Schwierigkeiten gab, da der gleiche Terminus in den einzelnen Ländern häufig verschiedene Bedeutung hat. Unter möglichster Beibehaltung der gebräuchlichen und teilweise auch schon in Standards definierten Begriffe gelang es, eine Klassifikation aufzustellen, die zur Anwendung in den einzelnen Ländern empfohlen wurde. Sie soll hier vorgelegt und, soweit sich gewisse Abweichungen zu in Deutschland üblichen Begriffsbestimmungen ergeben, erläutert und begründet werden.

Die Klassifikation der unterirdischen Wässer für ingenieurgeologische Zwecke (Tab.)

Allgemeine Bemerkungen

In der Tabelle werden vier verschiedene Typen des unterirdischen Wassers unterschieden, die bei der ingenieurgeologischen Beurteilung eines Geländes von Bedeutung sein können. Die Ausscheidung dieser Kategorien ist hydrogeologisch begründet und könnte daher in der Hydrogeologie Anwendung finden. Die Überschriften über den einzelnen vertikalen Säulen berücksichtigen alle Verhältnisse, die bei der ingenieurgeologischen Begutachtung wichtig sind. Die gegebene Einteilung gestattet auch dem Nichtfachmann, die Bedeutung des Wassertyps für das Bauwerk bzw. für die Baugrunduntersuchung einzuschätzen.

Bemerkungen zu den verwendeten Termini (Abb.)

Obwohl die in der Hydrogeologie verwendeten Begriffe im Standard der DDR (DIN 4049) klar definiert sind, werden im deutschsprachigen ingenieurgeologischen Schrifttum und in Gutachten häufig Termini verwendet, die recht unklar sind oder verschiedene Bedeutung haben. Die vorliegende Klassifikation mit dem beigegebenen Schema gibt die Möglichkeit, eine Vereinheitlichung anzustreben.

Bei den „Wässern in der Aerationszone" handelt es sich um solche unterirdischen Wässer, die sich auf dem Wege zum ersten Grundwasserstockwerk befinden oder in isolierten Vorkommen über einem Grundwasserleiter auftreten. Durch einfache Maßnahmen lassen sich derartige Wässer im Rahmen des Baugeschehens leicht absenken oder ableiten.

Der Begriff „Sickerwasser" wird entsprechend der Definition im Standard der DDR (DIN 4049) angewendet.

Die „Bodenwässer" treten nur oberflächennah in den Bereichen auf, die der Bodenbildung im landwirtschaftlich-forstwirtschaftlichen Sinne unterliegen. Die Wässer dieses Typs werden durch verdichtete Bodenhorizonte gestaut. Für Baumaßnahmen haben sie fast ausschließlich nur in regenreichen Zeiten Bedeutung. Eine geeignete Bepflanzung mit stark aufsaugenden Gräsern bei einzeln stehenden Bauwerken und eine oberflächige oder oberflächennahe Ableitung der Niederschlagswässer bei geschlossener Bebauung führt meistens schon den gewünschten Erfolg herbei. In den übrigen Fällen eignet sich auch die Durchbohrung des abdichtenden Horizontes zur Wasserableitung.

„Sumpfwässer" sind, wie der Name bereits aussagt, an Sümpfe oder Moore gebunden. Diese Wässer sind gewöhnlich infolge ihrer in Zersetzung begriffenen reichen organischen Bestandteile stark betonaggressiv. Die Gründung von Bauwerken auf derart nachgiebigem setzungsgefährdetem Untergrund erfordert immer besondere Maßnahmen, die auch den hohen Wasserstand und Wassergehalt der Schichten berücksichtigen müssen. Eines ist hier nicht ohne das andere durchzuführen. Jede Baumaßnahme ist nur bei Betrachtung der Gesamtsituation möglich. Eine allgemeine Regel kann nicht gegeben werden.

Der Begriff „schwebendes Wasser" ist im Standard der DDR (DIN 4049) eindeutig definiert. In manchen Mitgliederländern des RgW wird für diesen Wassertyp auch der Terminus „hängendes Wasser" (z. B. in der VR Polen) angewendet. Wenn derartige Wässer bei einer Gründung stören sollten, wird gewöhn-

Tab. Klassifikation der unterirdischen Wässer für ingenieurgeologische Zwecke

Lfd. Nr.	Typen der Grundwässer: Nach Art der wasserführenden Gesteine	Typen der Grundwässer: Nach den Spannungsverhältnissen	Nähr- und Verbreitungsgebiet	Art der Temperaturveränderung	Besonderheiten des Regimes
1	Wässer in der Aerationszone				
	a) Infiltrationszone (Sickerwasser)	absinkend	fällt zusammen	starke jahreszeitlich bedingte Schwankungen	nur zeitweilig auftretend
	b) Bodenwässer c) Sumpfwässer d) schwebendes Wasser (hängendes Wasser)	nicht gespannt	fällt zusammen	starke jahreszeitlich bedingte Schwankungen	unbestimmtes Regime stark verändert in den Jahreszeiten abhängig von Infiltration und Verdunstung
2	Schichtwasser in porösen Gesteinen	a) nicht gespannt (Grundwasser)	fallen gewöhnlich zusammen	jahreszeitlich bedingte Schwankungen (nicht stark)	verhältnismäßig beständig
		b) gespanntes Wasser (artesisches Wasser)	fällt nicht zusammen	Temperatur des Wassers erhöht sich mit der Tiefe	beständig
3	Karstwasser in löslichen (verkarstenden) Gesteinen	a) nicht gespannt	nahe	saisonbedingte Schwankungen	unbeständig
		b) gespannt (artesische Karstwässer)	fällt nicht zusammen	Temperatur des Wassers erhöht sich mit der Tiefe	verhältnismäßig beständig
4	Kluftwasser in unlöslichen dichten Gesteinen	a) nicht gespannt	fällt gewöhnlich zusammen	saisonbedingte Schwankungen	unbeständig
		b) gespannte (artesische Kluftwässer)	fällt nicht zusammen	Temperatur des Wassers erhöht sich mit der Tiefe	gewöhnlich beständig

Anmerkung: Bei der ingenieurgeologischen Kartierung muß man die Benennung des Grundwasserleiters, die Genese, und die Stratigraphie der wasserführenden Gesteine berücksichtigen. Die Einteilung der unterirdischen Wässer nach der Aggressivität wird in einer gesonderten Tabelle gegeben.

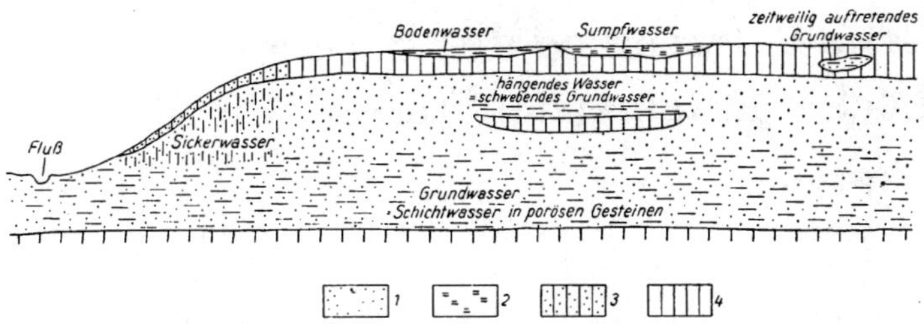

Abb. Schema der unterirdischen Wässer in der Aerationszone

1 — poröses Schichtgestein; 2 — Torfmoor; 3 — bindig-rolliges Gestein; 4 — bindiges Schichtgestein

lich die wassertragende bzw. stauende Schicht durchbohrt, damit das Wasser in den darunter befindlichen Wasserleiter ablaufen kann. In gewissem Sinne wäre auch das „zeitweilig auftretende Wasser" hier einzustufen, das man häufig in isolierten sandig-kiesigen Linsen findet, die von bindigen Gesteinen eingeschlossen werden. Sand- oder Kieslinsen findet man häufig in den Ablagerungen der Grundmoräne. In ihnen sammelt sich das im Geschiebemergel auftretende Wasser. Da der Geschiebemergel nicht „absolut undurchlässig" ist, können solche Linsen immer wieder mit Wasser versorgt werden. Ein erster Wassereinbruch erfolgt in Baugruben meist dann, wenn Sand- bzw. Kieslinsen angeschnitten werden. Die Baugrube ist dann in den meisten Fällen durch einen kurzen Pumpbetrieb trockenzulegen. Jedoch ist dabei zu bedenken, daß bei jeder stärkeren Durchfeuchtung des Untergrundes infolge von Niederschlägen die Sand-Kieslinse gewissermaßen als „Sammler" fungiert und es auch später noch zur Vernässung und, wenn keine Abdichtung des Bauwerkes erfolgt ist, auch zu einem Wasseranstau im Keller kommen kann. Von Bauingenieuren und leider auch von manchen Ingenieurgeologen werden die zeitweilig auftretenden Wässer in Sand- und Kieslinsen des Geschiebemergels auch als Schichtwässer bezeichnet. Abgesehen davon, daß die deutsche Terminologie (siehe den Standard der DDR, DIN 4049) eine solche Bezeichnung nicht kennt, führt die Anwendung dieses Begriffes auch zu völlig falschen Vorstellungen über die Natur des Wassers und letzten Endes auch über den geologischen Begriff „Schicht". Was in diesem Falle unter „Schicht" verstanden wird, ist eindeutig als Linse zu bezeichnen. Man sollte darauf bedacht sein, nur klare und eindeutige Begriffe zu verwenden.

Der zweite Typ des unterirdischen Wassers umfaßt jene Wässer, die nach der in Deutschland üblichen Definition als Grundwasser bezeichnet werden. Da in mehreren Ländern (z. B. VR Ungarn, VR Polen, VR Rumänien und UdSSR) unter Grundwasser nur der erste, nicht gespannte, Grundwasserhorizont verstanden wird, wurde allgemein vorgeschlagen, diese Gruppe durch eine Umschreibung zu bestimmen, die keine Verwechslung mit anderen gebräuchlichen Termini zuläßt. Als geeignet erweist sich die Bezeichnung „Schichtwasser in porösen Gesteinen". Eine weitere Unterteilung, die den Definitionen und Klassifikationen aller anderen Mitgliederländer des RgW Rechnung trägt, ist unter Berücksichtigung der Spannungsverhältnisse möglich. In der dritten senkrechten Spalte der Tabelle erscheint unter Buchstabe a) das nicht gespannte unterirdische Wasser des oberen (ersten) Grundwasserhorizontes nach deutscher Definition bzw. das Grundwasser nach ausländischer Definition (siehe oben). Es handelt sich um den Grundwasserhorizont, der für das Bauwesen die größte Bedeutung, sowohl hinsichtlich der Gründungsverhältnisse als auch bezüglich der Wasserversorgung auf der Baustelle, als Betonanmachwasser usw., hat. Die tiefer liegenden Grundwasserstockwerke fallen meist unter den Buchstaben b), die in manchen sowjetischen Klassifikationen auch als „artesisches" oder „gespanntes Wasser" bezeichnet werden. Eine Bemerkung bezüglich des Begriffes „Schichtwasser": Im Gegensatz zu dem bei Bauingenieuren üblichen Begriff Schichtwasser handelt es sich hier tatsächlich um echtes Schichtwasser, das wirklich an eine Schicht (im geologischen Sinne) gebunden ist.

Die übrigen Wassertypen, „Karstwasser" und „Kluftwasser", bedürfen keiner näheren Erläuterung, da sie sowohl in der vorliegenden als auch in den ausländischen Klassifikationen im gleichen Sinne gebraucht werden wie in Deutschland. Auch hier wird eine weitere Untergliederung vorgenommen, wie es die Erfordernisse der Ingenieurgeologie verlangen.

Zusammenfassung

Es wird eine Klassifikation der unterirdischen Wässer für ingenieurgeologische Zwecke vorgelegt, die von den Delegierten auf der zweiten Arbeitstagung der Ingenieurgeologischen Gruppe des Rates für gegenseitige Wirtschaftshilfe erarbeitet wurde. Sie stützt sich auf die in den Mitgliederländern des RgW vorliegenden Klassifikationen, insbesondere der sowjetischen von SAWARENSKI, und berücksichtigt weiter die Ansichten aller vertretenen Länder. Die wichtigsten Begriffe wurden erläutert und die Bedeutung der einzelnen Grundwassertypen in der Ingenieurgeologie kurz behandelt.

Резюме

Предлагается классификация подземных вод для инженерно-геологических целей, разработанная делегатами на втором рабочем совещании инженерно-геологической группы Совета Экономической Взаимопомощи. Она опирается на существующие в странах-членах СЭВа классификации, в частности, на классификацию ЗАВАРЕНСКОГО, и дальше учитывает точки зрения всех стран-участниц.

Изложены важнейшие понятия; кратко освещается значение отдельных типов подземных вод в инженерной геологии.

Summary

A classification of subterranean waters for engineering-geological purposes is presented, which was elaborated by the delegates of the second conference of the engineering-geological group affiliated with the Council of Mutual Economic Aid. It is based on classifications established by the member states of the Council, particularly that of the Soviet Union set up by SAWARENSKI, and considers the views held by all representing countries.

The most important concepts are discussed and the importance of the individual ground-water types in engineering-geology is briefly reviewed.

Literatur

Standard der DDR (DIN 4049) Gewässerkunde — Fachausdrücke und Begriffsbestimmungen. — März 1954.

Protokoll der Sitzung der zeitweiligen geologischen Gruppe zur Frage „Vereinheitlichung von Klassifikationsschemata und der Terminologie für die ingenieurgeologische Kartierung sowie der Methoden zur Bestimmung physikalischer und mechanischer Eigenschaften der Gesteine und anderer Feld- und Laboruntersuchungen, die bei der ingenieurgeologischen Kartierung angewandt werden"; Berlin, Mai 1962.

Unterlagen der Mitgliederländer des RgW, die Klassifikation der unterirdischen Wässer betreffend.

Geologisch-hydraulische Betrachtung der Wasserdurchlässigkeit von Lockergesteinsgrundwasserleitern [1]

Bemerkungen zu einem Artikel von J. ZIESCHANG [2]

KLAUS TIEMER, Berlin

Wir wollen uns hier mit der von ZIESCHANG durchgeführten Auswertung des Pumpversuches Torgau-West befassen, ohne auf die Problematik der Messung des Potentials der Strömung zum Brunnen einzugehen [3].

Die Formeln (29) und (31) des obengenannten Aufsatzes stellen Umformungen der DUPUIT-THIEMschen Gleichungen (7) und (8) dar, die sich am einfachsten in folgender Weise durchführen lassen:

Man ersetzt in (7) die Differenz der Absenkungen $s_1 - s_2$ durch das damit identische Produkt $I_x(x_2 - x_1)$ und erhält so unmittelbar die umgeformte Durchflußgleichung (29) mit

$$x = \frac{x_2 - x_1}{\ln \frac{x_2}{x_1}}$$

Analog ergeben sich Formel (30) und (31), wenn man in (8) für $\ln \frac{x_2}{x_1}$ das Verhältnis $\frac{x_2 - x_1}{x}$ einsetzt.

Sachlich bringen die von ZIESCHANG angegebenen Gleichungen (29) und (30) also nichts Neues zur Problematik der Auswertung des Pumpversuches bei geneigter Grundwasseroberfläche. Die angewendete Methode wird allerdings sehr fragwürdig durch die Einführung der Größe $m' = 16$ m anstelle der Mächtigkeit $m = 12{,}6$ m des Grundwasserleiters in der Gleichung (34).

Die DUPUIT-THIEMsche Formel gilt unter der Voraussetzung, daß die Flächen gleicher Absenkung Kreiszylinder um die Brunnenachse sind. Es ist also zu klären, ob diese Annahme in der Wirklichkeit wenigstens näherungsweise erfüllt wird. Ist das nicht der Fall, so kann die Formel (7) nicht angewendet werden, und es ist nicht einzusehen, warum die Abänderung der Schichttiefe daran etwas ändern soll.

Durch die Einführung von m' wird zwar berücksichtigt, daß die gekrümmten Potentiallinien im Meridianschnitt länger sind als die vertikalen Potentiallinien, die bei Gültigkeit der DUPUITschen Annahme auftreten; es wird jedoch nicht beachtet, daß sich auch die Fließwege (Stromlinien) im Vergleich zur horizontalen Strömung nach DUPUIT verlängern, da sie im betrachteten Fall ebenfalls gekrümmt sind. Die für den gewählten Meridianschnitt des Absenkungsfeldes ermittelten Potentiallinien kann man natürlich schlecht als senkrecht ansprechen. Die Abweichungen der in den Bohrlöchern b und c gemessenen Absenkungen von den Mittelwerten sind jedoch relativ klein (5,7 bzw. 7,4%), so daß die Anwendung von Gleichung (7) noch möglich ist. Dabei ergibt sich

$$k_f = \frac{0{,}0056 \cdot (\ln 29 - \ln 16)}{2\pi \cdot 12{,}6 \cdot (0{,}37 - 0{,}313)} = 0{,}000738 \text{ m/s}$$

Dieser Wert ist nach ZIESCHANG um 25% zu groß.

Zu klären bleibt noch, ob der so erhaltene k_f-Wert auch tatsächlich als repräsentativer Mittelwert für den untersuchten inhomogenen Boden angesehen werden kann. Wir wollen daher noch ein allgemeineres Verfahren in Betracht ziehen, das man anwenden kann, wenn der Grundwasserleiter aus horizontalen Schichten verschiedener Durchlässigkeit besteht. Der Durchlässigkeitsbeiwert k_f ist in diesem Falle also eine Funktion von y:

$$k_f = k(y)$$

Ist der Zufluß radialsymmetrisch, so gilt für die Pumpleistung Q eines vollkommenen Brunnens in gespanntem Grundwasser:

$$\text{(I)} \quad \begin{aligned} Q &= \int_0^m 2\pi\, x\, k(y) \frac{\partial h}{\partial x}(x, y)\, dy \\ &= 2\pi \int_0^m k(y) \frac{\partial h}{\partial \ln x}(x, y)\, dy \\ &= 2\pi \frac{d}{d \ln x} \int_0^m k(y) h(x, y)\, dy \end{aligned}$$

Diese Beziehung gilt ohne jede Voraussetzung über die Form der Potentiallinien.

Führen wir die Bezeichnung

$$\varphi(x) = \int_0^m k(y) h(x, y)\, dy$$

ein und integrieren die Gleichung (I), so erhalten wir

$$\text{(II)} \quad \begin{aligned} Q &= 2\pi \frac{\varphi(x_1) - \varphi(x_2)}{\ln \frac{x_1}{x_2}} = \\ &= \frac{2\pi}{\ln \frac{x_1}{x_2}} \int_0^m k(y)\, [h(x_1, y) - h(x_2, y)]\, dy \\ &= \frac{2\pi k^*}{\ln \frac{x_1}{x_2}} \int_0^m [h(x_1, y) - h(x_2, y)]\, dy \end{aligned}$$

Den Wert

$$k^* = \frac{\int_0^m k(y)\, [h(x_1, y) - h(x_2, y)]\, dy}{\int_0^m [h(x_1, y) - h(x_2, y)]\, dy}$$

kann man als gute Näherung für den arithmetischen Mittelwert

$$\bar{k} = \frac{1}{m} \int_0^m k(y)\, dy$$

betrachten.

Da der Potentialverlauf auf den Vertikalen $x_1 = 16$ m und $x_2 = 29$ m einigermaßen erfaßt werden kann, läßt

---

[1] Eingang des Manuskripts in der Redaktion: 19. 7. 1962

[2] siehe Z. angew. Geol., 8, H. 5 (1962)

[3] vgl. NAHRGANG: Über die Anströmung von Brunnen im ungespannten Grundwasser und die Messung des abgesenkten Grundwasserspiegels. — Kommunale Wasserwirtschaft, 1956, H. 7, S. 336–337.

sich k* näherungsweise bestimmen. Durch numerische Integration ergibt sich aus den von ZIESCHANG mitgeteilten Meßwerten

$$\int_0^m [h(x_1, y) - h(x_2, y)]\, dy \approx -0{,}738$$

und damit

$$k^* = \frac{Q \ln \frac{x_1}{x_2}}{2\pi \int_0^m [h(x_1, y) - h(x_2, y)]\, dx}$$

$$= \frac{0{,}0056 \cdot 0{,}594}{2\pi \cdot 0{,}738} = 0{,}000718 \text{ m/s}$$

Dieses Ergebnis stimmt sehr gut mit dem nach der DUPUIT-THIEMschen Brunnengleichung erhaltenen Wert überein.

Bei Pumpversuchen in inhomogenem Boden erscheint es allerdings zweckmäßiger, das Verhältnis der Durchlässigkeitsbeiwerte der verschiedenen Schichten an Hand des Bohrgutes festzustellen, entweder aus der Siebkurve oder durch Laborversuche, was die Berechnung der obendefinierten Funktion φ(x) und die Anwendung von Formel (II) erlaubt.

Zum Problem der k_f-Wert-Berechnung

JOHANNES ZIESCHANG, Berlin

Der von TIEMER im vorangehenden Artikel gemachte Einwand, daß sich auch die Stromlinien des zum Brunnen strömenden Grundwassers verlängern, wenn eine Verlängerung der Potentiallinien stattfindet, ist berechtigt. Allerdings kann aus dem Strömungsbild (Z. angew. Geol., 5, 1962, S. 230, Abb. 7) gefolgert werden, daß sich die Verlängerung der Potentiallinien zu der Verlängerung der Stromlinien etwa wie 5:1 verhält. Der Fehler ist demnach sehr klein; er ist wahrscheinlich kleiner als die Summe der Fehler, die bei der Konstruktion des Strömungsbildes entstehen. Man sollte sowieso keinen allzu großen Wert auf eine recht genaue Bestimmung der Potentiallinienverlängerung legen; jedoch erscheint es wichtig, diese Wertänderung zumindest größenordnungsmäßig unter Beachtung der zu erwartenden Fehlergrenzen zu erfassen.

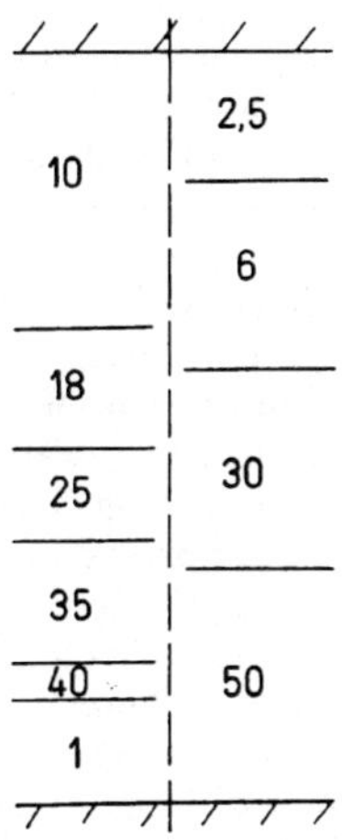

Zum besseren Verständnis des Strömungsbildes und zum Zwecke der Sichtbarmachung des inhomogenen Aufbaues des Grundwasserleiters ist es zweckmäßig, die relativen Durchlässigkeiten bei den Pegelbohrungen b und c des Pumpversuches Torgau-West (Z. angew. Geol., 5, 1962, S. 230, Abb. 7), bezogen auf die Durchlässigkeit (= 1) der am wenigsten durchlässigen Schicht des Grundwasserleiters, bekanntzugeben (siehe Abbildung).

Eine gleichförmige horizontale Schichtung ist in diesem Falle nicht gegeben. Der gezeigte Aufbau des Grundwasserleiters ist aber auch in groben Zügen schon aus dem Strömungsbild erkennbar.

Eine Schnellmethode zur Bestimmung des Abdampfrückstandes von Grubenwässern[1]

B. JAROLIMOVÁ & S. KLÍR, Prag

In den letzten Jahren wurden im Institut für Erzforschung einige sehr komplizierte hydrogeologische Untersuchungen an Zinn-Wolfram-Lagerstätten durchgeführt. Bei diesem Lagerstättentyp versagt die klassische hydrochemische Identifizierung auf der Grundlage der Kationen-Anionen-Verhältnisse. Es war deshalb notwendig, eine schnelle und hinreichend genaue Methode zur Bestimmung des Abdampfrückstandes zu entwickeln, damit die einzelnen, der Grube zusitzenden Wässer anhand der Gesamtmenge der gelösten Stoffe unterschieden werden konnten.

Bei der Suche nach Methoden zur Lösung der gestellten Aufgabe bewährte sich die Methode am besten, wonach der Abdampfrückstand mittels über den Porzellanschalen angebrachten Infrarotlampen erhalten wurde und bestimmt werden konnte. Bei dieser Methode war allerdings nur eine kleine Probenmenge erforderlich, daher haben wir Versuche mit 5 ml, die normal abpipettiert wurden, angestellt. Die erforderliche Ausrüstung ist somit einfach (Infrarotlampe, Exsikkator, Porzellantiegel, nachgeeichte Pipette), erforderlich ist aber eine sehr genaue Analysenwaage. Wir benutzten Halbmikrowaagen der Fa. E. Küster, Dresden. Die über den Porzellantiegeln angebrachten Infrarotlampen gestatteten eine leichte Wärmeregelung, auch im Hinblick auf das Altern der Stromquelle. Die Temperatur wurde stets nach 15 Minuten kontrolliert, und mit dem Trocknungsprozeß wurde 30 Minuten nach Anschließen der Stromquelle begonnen. Die Wärme wurde betriebsmäßig mit einem Quecksilberthermometer mit einer 0,5 °C-Einteilung gemessen, kontrolliert mit Pt-PtRh-Thermoelement, angeschlossen an Millivoltmeter oder Thermometer.

Der Arbeitsgang ist sehr einfach. Die Porzellantiegel werden bei 110 °C und 180 °C bis zur Gewichtskonstanz

Tab. 1. Destilliertes Wasser

Gewicht des Tiegels	1. Wägung g	2. Wägung g	3. Wägung g	4. Wägung g	Abdampfrückstand g	Abdampfrückstand mg/l
5,68249	5,68255	5,68255	5,68255	5,68255	0,00006	12
6,25375	6,25383	6,25381	6,25381	6,25381	0,00006	12
7,35684	7,35689	7,35688	7,35688	7,35688	0,00004	8
7,84054	7,84062	7,84060	7,84059	7,84059	0,00005	10

[1]) Deutsche Bearbeitung: W. OESTREICH

getrocknet. Dann werden 5 ml abpipettiert, die fünf Stunden bei 110 °C eingedampft werden. Nach Abkühlen im Exsikkator erfolgt die Wägung. Das Eindampfen wird nach einer Stunde wiederholt. In der Regel genügen 3—4 Wägungen zum Erreichen der Gewichtskonstanz. Dann wird das Eindampfen fünf Stunden lang bei 180 °C fortgesetzt; nach Abkühlen im Exsikkator erneute Wägung. Das Eindampfen wird nach einer Stunde bis zur Gewichtskonstanz wiederholt. Tab. 1 zeigt die hinreichende Genauigkeit dieser Schnellbestimmungsmethode (verwendet wurde destilliertes Wasser).

Die praktische Anwendung der Schnellbestimmungsmethode des Abdampfrückstandes der Wässer zeigt Tab. 2 (Krásno, Probe Nr. 36 — Filtrat), in der die bei 180 °C ermittelten Werte angeführt sind. Der bei 180 °C festgestellte Wert stimmt gut mit der analytisch bestimmten Summe der Komponenten — 171,64 mg/l — bei abgekürzter Analyse (Ca^{2+}, Mg^{2+}, $Fe_{ges.}$, Mn^{2+}, K^+, Na^+, Cl^-, SO_4^{2-} und HCO_3^-) überein. Die Differenz von 8,36 mg/l ist evtl. auf nichtbestimmte Komponenten zurückzuführen, deren Anteil allerdings größer als der angeführte Wert ist; denn bei 180 °C müssen wir bereits mit einer thermischen Dissoziation der Hydrokarbonationen rechnen. Der Anteil der nichtbestimmten Komponenten ist am besten durch Vergleich mit

Tab. 2. Krásno, Probe Nr. 36 — Filtrat

bei °C	Gewicht des Tiegels g	1. Wägung g	2. Wägung g	3. Wägung g	4. Wägung g	Abdampfrückstand g	Abdampfrückstand mg/l
110	7,56977 6,25391	7,57079 6,25499	7,57076 6,25495	7,57076 6,25493	7,57076 6,25493	0,00099 0,00102	198 204
180	wird fortgesetzt	7,57069 6,25484	7,57068 6,25483	7,57067 6,25483	7,57067 6,25483	0,00090 0,00092	180 184

Tab. 3. Krásno, Probe Nr. 36 — Filtrat und Bodensatz

bei °C	Gewicht des Tiegels g	1. Wägung g	2. Wägung g	3. Wägung g	4. Wägung g	Abdampfrückstand g	Abdampfrückstand mg/l
110	7,40154 7,48082	7,40272 7,48196	7,40269 7,48193	7,40269 7,48192	7,40269 7,48192	0,00115 0,00110	230 220
180	wird fortgesetzt	7,40254 7,48189	7,40254 7,48182	7,40254 7,48180	7,40254 7,48180	0,00100 0,00098	200 196

dem Wert des bei 110 °C bestimmten Abdampfrückstandes zu erkennen.

Die Schnellmethode der Bestimmung des Abdampfrückstandes von Grubenwässern ist auch dann anwendbar, wenn die Wässer Bodensätze (durch Ausflockung usw.) enthalten. Das zeigen die in Tab. 3 angeführten Ergebnisse (Krásno, Probe Nr. 36 — Filtrat des Bodensatzes). Der Vergleich der Werte der beiden letzten Tabellen gestattet eine quantitative Bestimmung des Bodensatzes bei 110 °C und bei 180 °C.

Die behandelte Methode der Bestimmung des Abdampfrückstandes der Wässer gibt die Möglichkeit, die Wässer von Lagerstätten auch in den Fällen zu identifizieren, in denen die Wässer zu hydrochemisch gleichen Typen gehören, sich aber nach der Mineralisation unterscheiden. Die Mineralisation wird ja gerade durch die sehr genau ermittelte Angabe des Abdampfrückstandes (in mg/l) ausgedrückt.

Die Anwendung der beschriebenen Methode erfolgte auf einer Lagerstätte mit Sn-W-Erzen, wo es gelang, nach der Zirkulation der unterirdischen Wässer drei Typen zu unterscheiden, und zwar unterirdische Kluftwässer, die in Gneisen zirkulieren (Abdampfrückstand 150—350 mg/l), unterirdische Kluftwässer, die in Greisenkörpern zirkulieren (Abdampfrückstand bis 100 mg/l), und Kluftwässer im alten Mann (Abdampfrückstand über 500 mg/l).

Geologische Erkundung – Wissenschaft und Industriezweig [1)]

FRIEDRICH STAMMBERGER, Berlin

1. Geologische Erkundung — ein neuer Industriezweig

Unter einem Industriezweig versteht man gemeinhin die Gesamtheit gleichartiger oder der gleichen Produktion dienender industrieller Einrichtungen (technische Produktionsanlagen, Produktionsarbeiter und Organisation). Eine allgemeine Eigenart der modernen Industrie ist die Tatsache, daß sie sich die Ergebnisse naturwissenschaftlicher Forschungen dienstbar macht und sogar für eigene Bedürfnisse neue Wissenschaften entstehen läßt und entwickelt. Immer mehr wird die Wissenschaft selbst zu einer bedeutenden Produktivkraft, nimmt der intellektuelle Anteil an der allgemeinen menschlichen Arbeitsleistung zu.

Dabei geht die „Wissenschaft" (z. B. die Chemie) nicht in der Industrie unter (z. B. chemischen Großindustrie) oder verliert irgend etwas von ihrer selbständigen Bedeutung. Im Gegenteil, die moderne Industrie und ihre Probleme wirken anregend und befruchtend auf die Wissenschaft als solche.

Ein ähnliches Verhältnis hat sich auf dem Gebiet der Geologie entwickelt. Die Wissenschaft hat sich vertieft, in Spezialdisziplinen gegliedert. Gestützt auf die Ergebnisse dieser Wissenschaften hat die Dienstbarmachung der Natur, ihrer Schätze und Kräfte längst industrielle Ausmaße angenommen, die sich auf die verschiedensten Tätigkeitsbereiche des Menschen erstrecken. Die größte Bedeutung hat in dieser Hinsicht zweifellos der Bergbau in allen seinen Formen. Mineralische Lagerstättenvorräte — das Objekt des Bergbaus — müssen gefunden und so weit untersucht werden, daß ihre mögliche Gewinnung erörtert, projektiert und durchgeführt werden kann.

Vor einigen Jahren wurde bei uns die etwas scholastische Frage diskutiert, ob „die Geologie" eine Wissenschaft oder ein Industriezweig sei. Der scholastische Charakter kommt in der Fragestellung „Entweder — oder" zum Ausdruck, bei der überhaupt nicht die Möglichkeit zugelassen wird, daß ein „Sowohl—als auch" vorliegen könnte.

[1)] Eingang des Manuskripts in der Redaktion: 17. 7. 1962

Das stürmische Wachstum des Bergbaus, der zunehmende Bedarf der Wirtschaft an mineralischen Rohstoffen hat das Aufsuchen und die Erkundung von Lagerstätten — auf Grund der Besonderheit dieser Arbeit — sich zu einem selbständigen Industriezweig entwickeln lassen, der über alle Merkmale eines Industriezweiges verfügt: technische Anlagen[2]), Arbeitskräfte und Arbeitsprodukte.

Wenn die geologische Erkundung als moderner Industriezweig betrieben wird, müssen und können an sie die üblichen Forderungen gestellt und allgemeingültige Maßstäbe angelegt werden, muß es möglich sein, ihre Effektivität, Produktivität usw. exakt zu erfassen.

2. Das Wesen der geologischen Erkundung

Zweck und Aufgabe der geologischen Erkundung ist es, Lagerstättenvorräte[3]) aufzufinden und zu erkunden. Das Arbeitsergebnis sind somit gewöhnlich mit unterschiedlicher Intensität erkundete Lagerstättenvorräte.

Planung, Projektierung, Selbstkostenrechnung usw. müssen sich daher ebenfalls auf die erkundeten (bzw. zu erkundenden) Vorräte orientieren. Der erkundete Vorrat ist das Arbeitsprodukt der geologischen Erkundung, und fast alle betriebswirtschaftlichen Kennziffern sind nur dann wirklich aussagekräftig und als Betriebscharakteristik wertvoll, wenn sie mit dem erkundeten Vorrat in Beziehung gebracht werden.

Gegen diese wie eine banale Selbstverständlichkeit wirkende Feststellung gab und gibt es Einwände; ferner existieren bei uns Festlegungen und Gepflogenheiten, die diesem Standpunkt widersprechen.

a) „Es wird auch geologische Erkundung durchgeführt, die nicht das Ziel oder die Aufgabe hat, Vorräte zu suchen oder zu erkunden, z. B. die Kartierung, insbesondere die Tiefenkartierung."

Dieser Einwand fällt hinsichtlich seines sachlichen Inhalts etwa mit der „ersten geologischen Untersuchungsetappe" REINHOLDs (1961) zusammen, in der er Grundlagenforschung und Sucharbeiten unterscheidet, die Kartierungsarbeiten dabei ausdrücklich in diese einbezieht. Am Beispiel der Kartierung lassen sich gut einige irrige Schlußfolgerungen verfolgen, die u. a. zu den obenerwähnten scholastischen Betrachtungen beitrugen.

Die regionale Kartierung, von der immer stärker gewünscht wird, daß sie nicht nur die Oberflächenverhältnisse erfaßt, ist gewöhnlich der erste Arbeitsprozeß bei der geologischen Untersuchung eines völlig unbekannten Territoriums. Die geologische Karte ist eine unersetzliche Grundlage für alle weiteren geologischen Arbeiten. In diesem Sinne ist und gehört sie zur Grundlagenforschung.

Die Durchführung der geologischen Kartierungsarbeiten kann zentral organisiert sein und in gewissen Zeiten forciert werden. Das machte die geologische Aufnahme der DDR ebensowenig zum Industriezweig wie z. B. den Meteorologischen Dienst der DDR oder die Landesvermessung.

Bei der Durchführung der geologischen Kartierung können in bedeutendem Maße z. B. Bohrarbeiten und geophysikalische Vermessungen durchgeführt werden. Der Einsatz solcher technischen Mittel macht die regionale Kartierung ebensowenig zum Industriezweig, wie die gigantischen Apparaturen in den Kernforschungszentren diese zu einem Industriebetrieb machen.

Geologische Kartierung ist jedoch nicht nur — vor allem regional — eine Untersuchungsetappe, sie ist auch ein Untersuchungs*verfahren*, das auf allen Etappen der Suche und Erkundung eingesetzt wird. Soweit es bei der geologischen Erkundung von Lagerstätten angewandt wird, gehören solche Arbeiten zur Erkundung und sind Bestandteil (z. B. eine großmaßstäbliche geologische Karte der Lagerstätte) der Lagerstättenerkundung. Das ist schon keine Grundlagenforschung mehr, gehört nicht zur „Geologie der DDR", sondern zur Lagerstätte XY, zur geologischen Erkundung als Industriezweig.

Für das hier zum unterschiedlichen Charakter der geologischen Kartierung Gesagte finden sich in anderen Industriezweigen, z. B. in der chemischen Industrie, zahlreiche Analogien.

b) „Aufgabe der geologischen Erkundung ist nicht die Ermittlung von Vorräten und ihre Übergabe. Vorräte können gar nicht übergeben werden. Was tatsächlich übergeben wird, sind Erkenntnisse über die Vorräte, wie überhaupt der geologische Produktionsprozeß ein Erkenntnisprozeß ist."

Dieser Einwand stellt eine Grundfrage: Gehört die geologische Erkundung zu den sogenannten „positiven" Wissenschaften, die eng mit der materiellen Produktion verbunden sind, oder zu jenen Wissenschaften, die das gesellschaftliche Bewußtsein „produzieren", oder ist sie noch etwas anderes?

Die theoretische Physik, Chemie, Geologie, Biologie und andere Naturwissenschaften sind mit Momenten ideologischen Charakters durchsetzt, hier kämpfen Idealismus und Materialismus miteinander. Ohne solchen Momenten ihre Bedeutung abzusprechen, kann die Tatsache nicht in Frage gestellt werden, daß die Naturwissenschaften aus den Bedürfnissen der materiellen Produktion entstanden sind, dieser dienen, deren Probleme unmittelbar bearbeiten, Produktionserfahrungen verallgemeinern, kurz Elemente der Produktivkräfte der Gesellschaft sind. Wir stellen die geistige Produktion der Naturwissenschaften dabei keineswegs der materiellen Produktion gegenüber:

„Wie im Natursystem Kopf und Hand zusammengehören, vereint der Arbeitsprozeß Kopfarbeit und Handarbeit" (MARX, Kapital I, S. 533).

Die durch die Teilung der Arbeit erfolgte Spezialisierung führte in der Vergangenheit weitgehend zur Trennung und zum Gegensatz von geistiger und physischer Arbeit. Doch diese Spezialisierung war nie absolut, und das Merkmal unserer Zeit ist gerade der rückläufige Prozeß, der hohen Sättigung des Produktionsprozesses mit geistiger Arbeit.

Geologische Erkundung ist heute eine unerläßliche Vorstufe des Bergbaus. Die moderne Montanindustrie kommt nicht mehr — wie vor und zu AGRICOLAs Zeiten — mit dem geistigen geologischen Arbeitsanteil der Bergleute aus. Der geologische Erkunder ist somit ein Beruf, der sich bei der jüngsten Entwicklung des Bergbaus herausgebildet hat.

3. Geologische Erkundung — eine neue Wissenschaft

Geologische Erkundung ist kein Erkenntnisprozeß im Sinne der Gnoseologie. Ihre „Produktion" ist vielmehr ein spezifischer Teil der materiellen Produktion.

---

[2]) Es sei nur nebenbei bemerkt, daß der Anschaffungswert einer einzigen Bohranlage z. B. für die Erdölerkundung nicht hinter dem einer kleinen Fabrik zurückbleibt.

[3]) Lagerstättenvorräte hier komplex, im Sinne der ZVK verstanden, also Menge, Qualität, Gewinnungs- und Verarbeitungsverhältnisse (STAMMBERGER 1958)

Aus der geologischen Erkundung im weiteren Sinne, d.h. einschließlich Sucharbeiten, Vorratsberechnung, industrieller Einschätzung und ökonomischer Bewertung der Lagerstätten, ist in den letzten Jahrzehnten eine eigene Wissenschaft hervorgegangen, die Lehre vom Aufsuchen und der Erkundung von Lagerstätten, die sich dadurch auszeichnet, daß sie geologisch-ökonomischen Charakter besitzt; denn die geologische Erkundung löst — im Unterschied zur allgemeinen ,,Geologie" — konkrete Aufgaben der Volkswirtschaft.

W. M. KREJTER (1962) hat nachgewiesen, daß diese neue Wissenschaft nicht nur ihren eigenen Gegenstand und ihre spezifischen Arbeitsmethoden besitzt, sondern ihr auch die Fähigkeit der wissenschaftlichen Prognose eigen ist. Es kann ihm nur zugestimmt werden, wenn er — bei Hervorhebung der großen volkswirtschaftlichen Bedeutung dieser Wissenschaft — fordert, ihr in unseren Hochschulen und Forschungsinstituten den gebührenden Platz zuzuweisen. Die Ausbildung von Erkundungsgeologen ist in der DDR nicht weniger notwendig als in der UdSSR, und eine ganze Reihe wichtiger methodischer Untersuchungen und wissenschaftlicher Forschungen auf dem Erkundungssektor können nicht länger dem Selbstlauf bzw. der Initiative Einzelner überlassen bleiben. Nach Meinung des Verf. ist für die Lösung der ersten Aufgabe besonders die Bergakademie Freiberg geeignet, für die zweite das Zentrale Geologische Institut der Staatlichen Geologischen Kommission.

Von den bei KREJTER (1962) genannten Aufgaben sind für die DDR offensichtlich vordringlich:

1. Methodik des Aufsuchens verdeckter Lagerstätten und die komplexe Planung und Auswertung solcher Arbeiten;
2. Anwendung mathematischer Verfahren auf Probleme der Erkundung;
3. Methodik der industriellen Einschätzung und ökonomischen Bewertung der Lagerstätten;
4. Bestimmung des Nutzeffekts geologischer Such- und Erkundungsarbeiten;
5. Ausarbeitung echter Kennziffern für Planung und Abrechnung geologischer Erkundungsarbeiten.

Je entschlossener wir uns der Lösung dieser Fragen zuwenden, um so größer werden unsere Erfolge und der Nutzeffekt der geologischen Erkundung sein.

Literatur

KREJTER, W. M.: Aufgaben und Bedeutung der Lehre vom Aufsuchen und der Erkundung von Lagerstätten mineralischer Rohstoffe. — Z. angew. Geol., 8, H. 9, 449–551 (1962).
REINHOLD, D.: Bemerkungen zu den neuen Richtlinien der ZVK über Form und Inhalt von Vorratsberechnungen. — Z. angew. Geol., H. 10, 1961.
STAMMBERGER, F.: Zu einigen Grundfragen der Klassifikation von Mineralvorräten. — Freiberger Forsch.-H. C 54, Akad.-Verl., Berlin 1958.

Aufgaben und Bedeutung der Lehre vom Aufsuchen und Erkunden von Lagerstätten mineralischer Rohstoffe

(Zum Aufsatz von W. M. KREJTER, Moskau, Z. angew. Geol., 8, H. 9, Berlin 1962)

Stellungnahme von Prof. Dr. KURD v. BÜLOW, Rostock

Zu den von W. M. KREJTER aufgeworfenen Fragen, insbesondere zur Selbständigkeit der Disziplin ,,Lagerstättenerkundung", ist von so vielen Fachkollegen Stellung genommen worden, daß ich mich hier auf einiges Grundsätzliche beschränken kann.

Soweit sich der nicht immer klaren Formulierung entnehmen läßt, die wohl zum Teil auf Kosten der Übersetzung geht, verlangt KREJTER die Trennung der ,,Lagerstättenkunde" von der ,,Lehre vom Aufsuchen und der Erkundung von Lagerstätten mineralischer Rohstoffe". Zur Begründung argumentiert er einerseits für die Anerkennung der letzteren als einer selbständigen Wissenschaft, andererseits für ihre Zugehörigkeit ,,zum Zyklus (?) der geologischen Wissenschaften", um nachzuweisen, daß die ,,Lehre vom Aufsuchen ..." gegenüber der (theoretischen) Lagerstättenlehre, die auf genetischer Basis vorgeht, Selbständigkeit zu beanspruchen hat.

Auf der anderen Seite betont er aber, daß das Erkundungswesen sowohl zur Geologie wie zur Bergbaumechanik gehöre; er sagt sogar: ,,Die Lösung der Erkundungsaufgaben basiert auf den Folgerungen und den Ergebnissen hauptsächlich der Geologie (Sperrung v. B.) und zum Teil der Technik ..." Setzt man statt ,,Geologie" ,,Lagerstättengeologie" im weitesten Sinne, also einschließlich Geochemie usw., so wird die Unlogik der KREJTERschen Argumentation deutlich: Wie will man die Methodik der Erkundung von der Lagerstättenkunde trennen, zumal die Methodik weitgehend, um nicht zu sagen, fast ausschließlich von der Entwicklung der ,,theoretischen" Erkenntnisse zur Genese der Lagerstätten abhängt? Ich sähe in der Trennung der wissenschaftlichen von der methodischen Seite der Lagerstättenforschung eine Gefahr für beide. Es wäre ebenso, als wollte man die ingenieurtechnische Anwendung geologischer Erkenntnisse von der — Geologie lösen. Oder, noch drastischer: als wollte man die ärztliche Praxis, die Heilkunde von den Forschungsergebnissen etwa der Physiologie isolieren. Wenn eine Trennung überhaupt zulässig ist, dann doch nur eine, die die ,,Lagerstättenlehre" an die Hochschulen verweist, ohne dort die Prinzipien der Erkundungsmethodik zu vernachlässigen — sie ergeben sich ja aus jener. Die ,,Erkundungslehre" aber gehört dann in ihrem vollen Umfange an technische Lehranstalten, bedarf dort aber des theoretisch-geologischen Unterbaues, aus dem sich die Methodik der Erkundungsarbeit zwangsläufig ergibt. Die ,,Lehre vom Aufsuchen ..." wird niemals eine selbständige wissenschaftliche ,,Disziplin", sondern immer nur eine wissenschaftlich fundierte Methodik sein dürfen, wenn anders sie nicht den Boden unter den Füßen verlieren soll. Wenn KREJTER gar auf eine ,,Allgemeine Theorie der Lagerstättenerkundung" hofft, so kann dieses Ziel noch weniger in Isolierung von der Lagerstättenforschung erreicht werden.

Ähnlich paradox will mir die Begründung scheinen, die KREJTER für seinen Verzicht auf die spezielle Behandlung ,,einzelner Rohstoffe" gibt, für die Beschränkung auf die allgemeinen Grundsätze der Erkundung. Gewiß, es gibt eine Menge von Gemeinsamkeiten, von Gesichtspunkten, Arbeitsweisen und Folgerungen, die für die Erkundung aller mineralischen Rohstoffe Geltung haben. Wie aber will man — wenn ich KREJTER recht verstehe — die spezielle Erkundung etwa von Salz, von Ganglagerstätten, keramischen Rohstoffen und von Steinkohle unter einen Hut bringen?

KREJTER bestreitet, daß das Aufsuchen und Erkunden ein Bestandteil der Lagerstättenkunde sei. Doch er vergißt, daß die sinnvollste und objektgemäßeste Erkundungsmethodik nur der versierte Kenner der genetisch-geologischen Lagerstättenkunde vorschlagen kann. Sache des Methodikers, des mit der Geologie vertrauten Ingenieurs ist es dann, die Vorschläge zu realisieren, zu erproben und anzuwenden.

Noch ein Wort zum Begriff des ,,industriellen Typus der Lagerstätten": Das ist eine ungewöhnlich unglückliche Wortbildung, die erst verständlich wird, wenn man liest: ,,Die geologisch-mineralogischen, montantechnischen, technologischen und ökonomischen Kennziffern sind die Hauptelemente der industriellen Einschätzung der Lagerstätten" (Sperrung v. B.). Es geht also nicht um Typen von

Lagerstätten, sondern um verschiedene Weisen der Einschätzung und Kennzeichnung von Lagerstätten. Aber: ,,Die industriellen Typen . . . sind mit den genetischen Typen nicht identisch, obgleich sich der Begriff auf genetische Vorstellungen stützt.“ Es handelt sich um ein und dieselbe Lagerstätte, die einmal in genetischer, das andere Mal in ökonomischer Hinsicht analysiert wird. (Oder liegen hier Mängel der Übersetzung vor?) KREJTER sagt selbst, daß er die industrielle Bewertung der (genetisch, geochemisch, geologisch erkundeten) Lagerstätten meint. So ermittelt ja auch jedes ingenieurgeologische Gutachten zuerst die geologischen Tatsachen, die es ingenieurtechnisch zu bewerten hat. Die Auswertung, d. h. die Überführung in die Praxis, ist anschließend Aufgabe des Ingenieurs, der die Methoden zur Anpassung an die geologischen Verhältnisse, zu ihrer Bewältigung oder Vermeidung auszuwählen hat.

Die technologischen, technischen und die im weiteren Sinne ökonomischen Folgerungen aus der Gesamtsituation einer genetisch-geologisch erfaßten Lagerstätte machen keine neue Lagerstätte eines besonderen (industriellen) Typs aus. Der Lagerstättengeologe wird diese Konsequenzen nur selten in vollem Umfang selbst ziehen können; dazu bedarf es der Mitwirkung des Technologen, des Montaningenieurs, des Politgeographen, des Politökonomen und weiterer Fachleute. Aber sie alle müssen auf dem Ergebnis der lagerstättenkundlichen Ermittlungen aufbauen.

Wenn KREJTER zutreffend sagt, daß es keinen Wissenschaftler geben kann, der das geologisch-geochemische Gebiet ebenso vollkommen beherrscht wie das geologisch-ökonomische, so möchte ich ergänzen, daß es auch niemals einen Erkundungsfachmann geben wird, der neben der Erkundungsmethodik auch die montantechnische, die technologische und die ökonomische Seite der Lagerstättenbeurteilung nach Umfang und Tiefe beherrscht und in Praxis oder Lehre betätigen kann.

Die ,,Lehre vom Aufsuchen und von der Erkundung von Lagerstätten“ im Sinne KREJTERs ist keine wissenschaftliche Disziplin, sondern ein Komplex von Ausschnitten verschiedener Disziplinen, angewandt auf ein bestimmtes Objekt. Und: sie ist nicht lebensfähig, wenn sie sich — und sei es auch nur äußerlich — von der eigentlichen Lagerstättenkunde trennen wollte.

Stellungnahme von Dr. ERNST STOLLE, Leiter der Geologiegruppe Südharz im VEB Kaliwerk „Karl Liebknecht“, Bleicherode

Nach den Darlegungen des Autors vollzog sich in der UdSSR eine allmähliche Differenzierung der ursprünglich umfassenden Lagerstättenkunde in zwei Zweige: die physikochemische Richtung, ausgedrückt durch die moderne Lagerstättenlehre, und die geologisch-ökonomische Richtung, die das Wesen der Lehre vom Aufsuchen und Erkunden von Lagerstätten mineralischer Rohstoffe ausmacht. In beiden Teildisziplinen wurden seit der vollzogenen Trennung beachtenswerte Fortschritte erzielt; dennoch stellt der Autor eine gewisse Unterbewertung und Vernachlässigung der zweiten Disziplin seitens mancher maßgeblichen Institutionen fest. Der vorliegende Aufsatz soll die allgemeine Aufmerksamkeit auf diesen Mißstand lenken; er zeigt und begründet zugleich Wege, die zur Überwindung desselben führen sollen.

Die Vervollkommnung der Methodik des Aufsuchens und der Erkundung von Lagerstätten läßt in jedem Fall eine unmittelbare, positive Auswirkung auf die Planwirtschaft eines Landes erwarten. Aus diesem Grunde haben die behandelten Probleme auch für die DDR eine nicht zu unterschätzende Bedeutung und verdienen eine auf die hiesigen Verhältnisse abgestimmte Diskussion. Hinsichtlich der daraus resultierenden Schlußfolgerungen ist natürlich von vornherein mit gewissen Unterschieden zu rechnen im Vergleich zu jenen, die sich in der UdSSR mit ihren ganz anders dimensionierten Erkundungsobjekten ergeben.

Ohne regionale Differenzierung ist dem Autor vorbehaltlos zuzustimmen, wenn er der Lehre vom Aufsuchen und Erkunden von Lagerstätten mineralischer Rohstoffe eine verstärkte Geltung verschaffen will. Unbestreitbar ist auch in der DDR die Behandlung dieses Gegenstandes in Forschung, Lehre und Praxis bisher viel zu kurz gekommen und hier sicher in noch stärkerem Maße als in der Sowjetunion mit den dortigen weit umfangreicheren praktischen Erfahrungen auf diesem Gebiet. Die bei uns in der Lagerstättenerkundung stehenden Fachkollegen mußten oder müssen noch heute in vielen Fällen bei der Lösung der Aufgaben tastend vorgehen, statt zunächst manche ,,Fragen auf theoretischer Basis unter Hinzuziehung der exakten Wissenschaften und des Experiments zu lösen“, wie es der Autor fordert. KREJTER glaubt, daß der Erkundungslehre erst dann die ihr gebührende Geltung verschafft werden kann, wenn für sie eine allgemeine Anerkennung als selbständige Wissenschaft erreicht wird und ihre Einschätzung als nachgeordnete Teildisziplin der sich vorwiegend mit genetischen Fragen beschäftigenden Lagerstättenlehre überwunden ist.

Den Anspruch der Lehre vom Aufsuchen und Erkunden von Lagerstätten mineralischer Rohstoffe auf Anerkennung als selbständige Wissenschaft leitet der Autor von dem angeblichen Vorhandensein dreier kennzeichnender Merkmale ab:

1. dem Gegenstand, nämlich einem von anderen Wissenschaften nicht behandelten Untersuchungsobjekt,
2. einer oder mehrerer spezifischer Untersuchungsmethoden, die zu bestimmten Erkenntnissen führen,
3. der Möglichkeit der Prognose.

Den Gegenstand bilden die ,,industriellen Typen der Lagerstätten“, deren Untersuchung außer den geologisch-mineralogischen Daten die Ermittlung montantechnischer, technologischer und ökonomischer Kennziffern zum Ziel hat. Der Gegensatz oder vielmehr die wesentliche Erweiterung im Vergleich zu der sich schwerpunktmäßig mit genetischen Typen beschäftigenden Lagerstättenlehre ist nicht zu bestreiten. Sicher wird auch die Zielsetzung der Untersuchungen die allgemeine Zustimmung der Praktiker finden. Vor einer Überbetonung des von der Lagerstättenlehre Trennenden ist jedoch zu warnen, da die von beiden Teildisziplinen in gleicher Weise zu erforschenden geologisch-mineralogischen Daten auch für die vorwiegend technologisch-ökonomische Betrachtungsweise die weitaus wichtigste Grundlage darstellen.

In der Erkenntnismethodik der betrachteten Wissenschaft kommt die postulierte Sonderstellung derselben am ehesten zum Ausdruck, da sie ,,die Einschätzung der geologisch-ökonomischen Situation auf Grund der Beziehungen zwischen den natürlichen Eigenschaften der Lagerstätten, den Forderungen der Industrie an den mineralischen Rohstoff und den technischen Möglichkeiten für das Aufsuchen und die Erkundung“ zum Inhalt hat.

Das dritte Merkmal, das den Charakter als selbständige Wissenschaft belegen soll, die Voraussage, ist zweifellos am stärksten anfechtbar. Bei der Bestätigung einer Prognose durch den Abbau der Lagerstätte muß gewissenhaft geprüft werden, auf welchen Fakten und Erkenntnissen die Voraussage im wesentlichen aufbaute. Unseres Erachtens muß sich jede Erkundungskonzeption in erster Linie auf die Genese einer Lagerstätte gründen. Je detaillierter die genetischen Faktoren geklärt sind, um so wirksamer lassen sich bestimmte Erkundungsmethoden einsetzen und können mit geringstem Aufwand gute Ergebnisse erzielt werden. Den Erfolg der Prognose dann aber hauptsächlich auf seiten der Methodik des Aufsuchens und der Erkundung der betreffenden Lagerstätte zu verbuchen, wäre sicher nicht korrekt.

Andererseits ist sogar vor einer gewissen Gefahr zu warnen. Eine von der Lagerstättenlehre absolut getrennte, weitgehend selbständig gewordene Erkundungslehre könnte leicht dem Schematismus verfallen mit der Folge, daß Erkundungsmethoden zur Anwendung gelangen, welche die sich jeweilig aus genetischen Betrachtungen ergebende Lagerstättensituation nicht hinreichend berücksichtigen.

Nach unserer Meinung sollte man die Diskussion künftig nicht so sehr auf die Frage konzentrieren, ob eine Trennung der Erkundungslehre von der Lagerstättenlehre theoretisch hinreichend begründet ist oder nicht. Viel wichtiger ist, daß in Anbetracht der allgemein anerkannten praktischen Bedeutung der Erkundungslehre schleunigst die Möglichkeiten überprüft werden, wie man ihr in Forschung, Lehre und Praxis verstärkt Geltung verschaffen kann. Dabei mögen in der UdSSR durchaus alle Vorbedingungen dafür erfüllt sein, ,,daß die wissenschaftlich-theoretischen Probleme der Lehre vom Aufsuchen und Erkunden ihre Forschungsinstitute und Lehrstühle der Hochschulen zur Bearbeitung finden werden“, wie es von KREJTER verlangt wird. Ob die Situation in der DDR ebenfalls so weitgehende Maßnahmen fordert und auch realisierbar erscheinen läßt, muß von maßgeblichen Stellen ernsthaft geprüft werden. Die Empfehlungen der Praktiker werden sicher übereinstimmend dahingehend lauten, daß zumindest in den bestehenden Hochschulinstituten für Lagerstättenkunde die Lehrpläne eine entsprechende Erweiterung erfahren. Bisher sind hier die Probleme der Erkundungslehre unbestreitbar zu kurz gekommen.

Es ist allerdings zu bedenken, daß für die angeschnittenen Probleme nur bei enger Verbindung mit der Praxis eine positive Entwicklung erzielt werden kann. Wenig erfolgversprechend erscheint es daher, die notwendigen Forschungsarbeiten auf diesem Gebiet an Hochschulinstituten unterzubringen. Auf jeden Fall wäre es nicht angängig, junge Assistenten ohne eigene entsprechende Erfahrungen mit der Durchführung zu beauftragen, wie es sonst bei theoretisch-wissenschaftlichen Forschungsaufgaben möglich und üblich ist. Es muß daher gelingen, erfahrene Fachkräfte in den Erkundungsbetrieben verschiedener Mineralgebiete für die spezielle Bearbeitung der Probleme und für Gastvorlesungen an den Hochschulen zu gewinnen. Wichtige Detailfragen, die mit der Zielsetzung der Erkundungslehre im Zusammenhang stehen, müssen zunächst erst einmal innerhalb der einzelnen Mineralgebiete bearbeitet und gelöst werden, wofür geeignete Organisationsformen in der Regel bereits vorhanden sind; zu einem späteren Zeitpunkt wird es zweckmäßig und möglich sein, durch Arbeitsgemeinschaften eine Zusammenfassung der Vielzahl von Einzelergebnissen durchzuführen. Auf diese Weise könnten die notwendigen Grundlagen für eine umfassende Erkundungslehre geschaffen werden, welche auf die Lagerstättenverhältnisse und die volkswirtschaftliche Situation der DDR wirklich zugeschnitten ist.

Eine wichtige geologische Arbeitstagung im Rahmen des Rates für gegenseitige Wirtschaftshilfe

FRIEDRICH STAMMBERGER, Berlin

1. Vorbemerkung

Vom 2. bis 7. Juli 1962 tagte in Prag die zeitweilige geologische Arbeitsgruppe des RgW zu den Themen „Methodik der Festlegung von Konditionen für die Vorratsberechnung" und „Verhältnis der Vorräte in den verschiedenen Vorratsklassen bei der Übergabe einer Lagerstätte zur industriellen Nutzung". Die VR Bulgarien, die ČSSR, die DDR, die Mongolische VR, die VR Polen, VR Rumänien, VR Ungarn und die UdSSR hatten kompetente Vertreter entsandt, die beide Probleme in besonderen Arbeitsgruppen behandelten.

Die zeitweilige Arbeitsgruppe war auf Vorschlag der DDR gebildet worden, um durch Meinungs- und Erfahrungsaustausch Hilfe bei den in der DDR bereits laufenden Untersuchungen zu erhalten. Diese Erwartungen wurden — wie das Ergebnis der Beratung zeigt — nicht enttäuscht, obwohl in Prag fertige Rezepte bzw. bereits ausgerechnete Universalkonditionen selbstverständlich nicht ausgearbeitet wurden, weil das unmöglich ist bzw. sinnlos wäre.

Die Bedeutung der Prager Beratung für die Montanindustrie und die ganze Volkswirtschaft ist Anlaß genug, um eine Bilanz des Standes dieser Arbeiten in den Ländern des sozialistischen Lagers und der durch die Tagung erzielten Fortschritte zu ziehen.

2. Zur Festlegung der Konditionen

Zunächst kann festgestellt werden, daß der im Laufe der letzten Jahre in der DDR erarbeitete Standpunkt zu den theoretischen Grundfragen (s. STAMMBERGER 1959, 1960a, b, c, d) im wesentlichen als richtig bestätigt wurde. Nachfolgend soll deshalb vor allem nur auf abweichende Nuancen bzw. Meinungen eingegangen werden.

Definition der Kondition

Es lagen nur zwei Definitionsvorschläge vor — derjenige der DDR und der der UdSSR. Gegen die von der DDR vertretene Formulierung wurde eingewendet, daß sie zu allgemein sei und eher die Lieferbedingungen für ein Bergbauprodukt als die Kondition des anstehenden Rohstoffs in einer konkreten Lagerstätte definiere. Diese kritische Bemerkung ist nicht unbegründet. Nach eingehender Diskussion wurde folgende Definition vereinbart:

„Unter Konditionen werden äußerste (minimale und für einzelne Parameter maximale) Forderungen verstanden, die an die Qualität und Quantität des anstehenden Rohstoffs und die bergtechnischen Exploitationsverhältnisse einer konkreten Lagerstätte (in einzelnen Fällen einer Lagerstättengruppe, eines Beckens und von Erzfeldern) gestellt werden, bei denen die Exploitationskosten und Investitionen für den Staat annehmbar sind."

Es besteht kein Zweifel, daß diese Definition auch den in der DDR vertretenen Auffassungen und getroffenen Entscheidungen entspricht. Lieferbedingungen eines Rohstoffs (z. B. eines Braunkohlenwerkes an ein Kraftwerk) können ein wesentlicher Bestandteil der Kondition sein. Sie beziehen sich jedoch z. B. nicht auf die bergtechnischen Verhältnisse, die keine untergeordnete Rolle in der Kondition spielen (s. STAMMBERGER 1959, 1960 c, d).

In Prag wurde auch die große Bedeutung der Konditionen ür die Volkswirtschaft, ihr Einfluß auf die ökonomische Bewertung von Lagerstätten, auf die Entwicklung des Maschinenbaus u. a. diskutiert. In allen diesen Fragen herrschte unter den Delegationen volle Einmütigkeit.

Konditionen für die Erkundung

Die Prager Tagung diskutierte auch die Beziehungen zwischen Kondition und Erkundungsetappen. Zu den bei uns vorliegenden Erkenntnissen und Vorschlägen (s. KAUTZSCH & RICHTER 1961 und STAMMBERGER 1960 c, d): Richtwerte, Erkundungskondition, Kondition, Abbaukondition, entstand ein lebhafter Meinungsaustausch, der nicht in allen Punkten zu einheitlichen Auffassungen führte.

Während die UdSSR die Vorgabe von Richtwerten für die Sucharbeiten für überflüssig hielt („das muß jeder Geologe aus den Lehrbüchern wissen"), waren mehrere Volksdemokratien (ČSSR, Polen, DDR u. a.) von der Zweckmäßigkeit solcher vorgegebenen Richtwerte überzeugt.

Einigkeit wurde darüber erzielt, daß „vorläufige (zeitweilige) Konditionen" für das Aufsuchen und die Erkundung von Lagerstätten und die Durchführung operativer Berechnungen (die von der Vorratskommission nicht bestätigt werden) häufig notwendig sind. Sie dienen lediglich der Durchführung der Arbeiten; die Vorratsberechnung für die ZVK darf nach diesen Konditionen nicht erfolgen. Wie aus diesen Erläuterungen zu erkennen ist, handelt es sich bei den „vorläufigen Konditionen" faktisch um die erweiterten, für die Vorerkundung und Erkundung angewandten Richtwerte und „Konditionen" der Pkte. 3.3 und 3.4 bei KAUTZSCH & RICHTER (1961). Daß diese Behauptung zutrifft, ergibt sich aus dem Wortlaut der Prager Festlegung:

„Vorläufige (zeitweilige) Konditionen beziehen sich auf eine konkrete Lagerstätte oder Lagerstättengruppe eines bestimmten geologischen Typs."

Der „ökonomische Hintergrund" für die Festlegung der Konditionen

Die Festlegung konkreter Konditionen für eine bestimmte Lagerstätte erfolgt auf dem Hintergrund der besonderen volkswirtschaftlichen Lage eines jeden Landes, d. h. allgemeiner Faktoren, die bei der Festlegung der einzelnen Forderungen eine bestimmte Richtung angeben, strengere Maßstäbe anlegen oder bestimmte Zugeständnisse hinsichtlich ungünstiger Faktoren einräumen.

Als solche allgemeine Faktoren, die bei der Begründung einer Kondition unbedingt zu berücksichtigen sind, nennt die Prager Tagung:

1. Bedarf der Volkswirtschaft an dem betr. Rohstoff im Lande oder der betr. Gegend;
2. Situation der Rohstoffvorratsbilanz im Lande bei Berücksichtigung sowohl der vorhandenen Qualitäten als auch der Mengen;
3. Versorgungsgrad des Landes mit dem betr. mineralischen Rohstoff durch die produzierenden Betriebe;
4. Gestehungskosten des Rohstoffs in jenen Betrieben, die den Hauptanteil der Förderung liefern;
5. benötigte Gesamtinvestitionen und spezif. Investitionen (z. B. bezogen auf eine Tonne nutzbarer Komponente, Metall usw.), die für die Nutzung der Lagerstätte (für die die Kondition zu bestätigen ist) erforderlich sind;

6. die erwarteten Gestehungskosten des Rohstoffs für die betr. Lagerstätte.

Diese Faktoren und die geographische Lage der Lagerstätten werden zur Entscheidung herangezogen, wenn die volkswirtschaftliche Zweckmäßigkeit der Nutzung der Lagerstätte erörtert wird. Wir können mit Befriedigung feststellen, daß keiner dieser Faktoren in unseren Diskussionen unbeachtet geblieben ist.

Die Hauptkennziffer der Kondition

Bei der Erörterung der in die Kondition eingehenden einzelnen Kennziffern wurde eine als besonders wichtig hervorgehoben — der industrielle Minimalgehalt (bei best. Rohstoffen — die zulässige technologische Mindestqualität) des Rohstoffs.

In der DDR ist diese Kennziffer außergewöhnlich eingehend und sorgfältig untersucht worden. Das Ergebnis der Prager Tagung ist in dieser Hinsicht eine Bestätigung der von uns gewählten Untersuchungsrichtung und macht die erhaltenen Ergebnisse besonders wertvoll.

In Verbindung mit dieser Kennziffer wurde auch der geologische Schwellen- und Bortgehalt diskutiert. Nicht in allen Ländern waren diese Begriffe mit gleicher Gründlichkeit wie bei uns untersucht und definiert und daher meist noch in einem Begriff zusammengefaßt worden. Das wirkte sich selbstverständlich auf die Diskussion aus. Die DDR-Delegation erläuterte ihren Standpunkt zu dieser Frage in Übereinstimmung mit den hierzu vorliegenden offiziellen ZVK-Dokumenten.

Weitere zu beachtende Faktoren

Im vorbereiteten Beschlußentwurf der Tagung wurden zahlreiche Faktoren genannt, die in die Kondition — unterschiedlich für die einzelnen Rohstoffe und Lagerstätten — eingehen. Diese Aufzählung, obwohl selbstverständlich ohne Anspruch auf Vollständigkeit zu erheben, ist für die praktische Tätigkeit der Konditionsfestlegung von allgemeinem Interesse:

1. Minimale Mächtigkeit, in Einzelfällen minimale Meterprozente.
2. Maximal zulässige Mächtigkeit tauber Zwischenschichten oder nichtkonditionsmäßiger Lagen.
3. Maximale Teufe bzw. maximales Verhältnis von Deckschichten zu Nutzbarem im Tagebau.
4. Geologischer Schwellen- und Bortgehalt.
5. Untere Berechnungsgrenze für Außerbilanzvorräte.
6. Maximaler Durchschnittsgehalt für schädliche Beimengungen im Berechnungsblock und in der Einzelprobe.
7. Forderungen zu Begleitkomponenten, die berechnet werden müssen.
8. Zulässiger Erzführungskoeffizient bei komplizierten Vererzungstypen.
9. Mindestvorräte einer Lagerstätte oder eines einzelnen Erzkörpers.

Wenn erforderlich, werden weitere (bergtechnische, ökonomische u. a.) Forderungen in die Kondition einbezogen, z. B. maximale Wasserzuflüsse.

Technisch-technologische Bezugsbasis für die Festlegung der Kondition

Bei der Festlegung der Konditionen muß die angewandte bzw. anzuwendende Technik und Technologie berücksichtigt werden. Die Untersuchung dieser Frage nahm seinerzeit in unseren Untersuchungen keinen geringen Platz ein. Die Prager Tagung hat hierzu eine eindeutige Orientierung gegeben. Sie schlägt als Bezugsniveau die fortschrittlichste erreichte Technik und Technologie bei der Gewinnung und Verarbeitung des Rohstoffs im sozialistischen Lager vor.

Ferner ist bei der Ausarbeitung einer konkreten Kondition sowohl die allseitige und rationelle Nutzung des einzelnen Rohstoffs wie aller in einer Lagerstätte gemeinsam angetroffenen Rohstoffe zu beachten. Mit dieser Forderung wurden die entsprechenden ZVK-Festlegungen in der DDR von der Prager Tagung nachträglich bestätigt.

Bei komplexen Rohstoffen (z. B. polymetallischen Erzen) sind in den Berechnungen zur Kondition alle wertvollen Komponenten — äquivalent ihrer Bedeutung — zu berücksichtigen. Bei Spurenelementen ergibt sich ihre untere Berechnungsgrenze aus der technologischen Möglichkeit ihrer Gewinnung und der ökonomischen Zweckmäßigkeit ihres Ausbringens.

Wer legt die Konditionen fest?

Von größter Bedeutung ist für uns die Empfehlung der Prager Tagung über die zweckmäßigste Organisationsform der Festlegung und Bestätigung von Konditionen. In dieser Frage schöpfte die Tagung aus der reichen Erfahrung der UdSSR, die hier zweifellos allen Ländern des sozialistischen Lagers weit voraus ist.

Seit 1957 existiert in der UdSSR eine Vorschrift (von der Staatlichen Plankommission herausgegeben) darüber, wer zu den Konditionen und in welcher Form Entwürfe einreicht. Das sind in jedem Falle die Institutionen, die sich mit der Erkundung und dem Abbau der Lagerstätte beschäftigen. In der genannten Instruktion ist ferner festgelegt, welche Unterlagen zur Begründung der beantragten Kondition vorgelegt werden müssen (es werden recht umfassende und detaillierte Angaben verlangt).

Die Überprüfung der Konditionsvorschläge und ihre endgültige Festlegung erfolgt in der UdSSR durch eine besondere Konditionskommission, die auf ihrem Gebiet in ähnlicher Weise arbeitet, sich zusammensetzt und Rechte ausübt, wie z. B. die ZVK auf dem Vorratssektor.

Ähnliche Kommissionen bestehen auch in den meisten Volksdemokratien. Während die Konditionskommission in der UdSSR jedoch strukturmäßig bei der Plankommission liegt, befaßt sich damit z. B. in der ČSSR die Geokom, in der VR Bulgarien das Berg- und Hüttenwesen usw.

Die Prager Tagung hat empfohlen, solche besonderen Kommissionen zur Bestätigung der Konditionen in allen Ländern zu bilden und diese dem Organ zuzuordnen, das sich mit der Planung der volkswirtschaftlichen Entwicklung befaßt.

3. Zur Festlegung des Vorratsverhältnisses bei der Übergabe einer Lagerstätte

Die Aussprache zu diesem Thema bestätigte die 1961 in der DDR gemachte Feststellung (STAMMBERGER 1961), daß alle bisherigen Festlegungen wissenschaftlich nicht begründet, bestenfalls mehr oder weniger gut gelungene Verallgemeinerungen der bisherigen Erfahrung sind.

Die Prager Tagung konnte deshalb nur zu beachtende allgemeine Grundsätze herausarbeiten, ohne „Rezepte" — die vor allem von den jüngeren Erkundungsgeologen immer wieder gewünscht werden — oder konkrete Werte festzulegen. Das ist völlig verständlich und ergibt sich aus dem derzeitigen wissenschaftlichen Stand dieser Frage.

In völliger Übereinstimmung mit den bei uns herrschenden Auffassungen wurde definiert, welche Faktoren in den Untersuchungsgrad einer Lagerstätte eingehen, und erläutert, daß die Erkundungsdaten die Ausarbeitung eines bergbaulichen Projektes gewährleisten müssen.

Um größere Einheitlichkeit bei der Betrachtung einzelner Lagerstätten herbeizuführen, wurde nach ihrer Kompliziertheit eine einheitliche Lagerstättengruppierung vereinbart, sicher die einfachste (aber dadurch auch klarste), die überhaupt festgelegt werden konnte:

I — einfach gebaute und in Mächtigkeit und Gehalt aushaltende

III — sehr komplizierte und in Mächtigkeit und Gehalt schroff veränderliche

II — alle anderen Lagerstätten, d. h. alle Übergänge von I zu III

Diese Dreiteilung herrscht seit langem in den Instruktionen und Richtlinien der ZVK vor. Selbstverständlich könnte die zweite Gruppe, zu der die meisten Lagerstätten gehören, noch weiter unterteilt werden, wie das in einzelnen Ländern auch geschehen ist. Es ist jedoch schwer zu entscheiden (wenn das überhaupt für die Lagerstätten aller Rohstoffe möglich ist), wie weit die Unterteilung gehen muß.

Diese Dreiteilung kann Grundlage für die konkrete Festlegung eines Übergabeverhältnisses werden, wie das z. B. in der derzeitig gültigen sowjetischen Vorratsklassifikation (1961) erfolgte. Die DDR und andere Delegationen erläuterten die Unzweckmäßigkeit einer solchen schematischen Reglementierung und wiesen auf die Vorteile einer individuellen Behandlung jeder konkreten Lagerstätte hin.

Die Bedeutung der Vorratsklasse C_2

Ein umfangreicher Meinungsaustausch erfolgte über die Bedeutung der Vorräte in der Klasse C_2 bei der Übergabe einer Lagerstätte. Hier gab es beträchtliche Unterschiede in den Auffassungen der sowjetischen Geologen einerseits und den Vertretern der Volksdemokratien andererseits. Das ist auch verständlich, da die UdSSR über einen ausgesprochenen Lagerstättenreichtum verfügt, während alle übrigen sozialistischen Länder wesentlich ärmer an Lagerstätten sind.

Die Tagung beschloß, die Berücksichtigung der C_2-Vorräte und ihre Beachtung bei Planung, Projektierung und Investitionen jedem einzelnen Lande zu überlassen. Dieser Beschluß ist zweifellos richtig und wird der unterschiedlichen Situation auf dem Rohstoffsektor in den einzelnen Ländern am besten gerecht.

Bei einer anschließenden Exkursion und der Aussprache über die durchgeführte Erkundung einer konkreten Lagerstätte (in diesem Falle einer Skarnlagerstätte) ergab sich, daß in den einzelnen Ländern trotz vereinbarter einheitlicher Klassifikationsgrundsätze nicht unwesentliche Abweichungen bei den konkreten Forderungen auftreten, die bei der Klasseneinstufung erhoben werden. Die bedeutendsten Abweichungen ergaben sich für C_2, die in der ČSSR, der DDR, der VR Bulgarien u. a. Ländern wesentlich strenger behandelt wird als in der UdSSR. Die Schlußfolgerung — daß hier die Wurzeln für die obenerwähnten Unterschiede in der ökonomischen Bewertung dieser Vorräte liegen — lag nahe.

Es wurde als sinnvoll empfohlen, daß sich die Vorratskommissionen der einzelnen Länder mit der praktischen Arbeit, konkreten Entscheidungen auf Grund vorliegender konkreter Untersuchungen in anderen Ländern vertraut machen und sich so allmählich eine einheitliche Betrachtungsweise herausbildet.

4. Abschließende Bemerkung

Die von unseren ČSSR-Kollegen hervorragend organisierte und im kameradschaftlichen Geiste verlaufene Arbeitstagung der zeitweiligen geologischen Arbeitsgruppe des RgW zum Problem der Festlegung der Konditionen sowie des Übergabeverhältnisses der Vorräte bei ihrer Nutzung war zweifellos ein beachtlicher Schritt zur Verbesserung unserer Arbeit auf diesem Gebiet. Es zeigte sich, daß alle erörterten Fragen seinerzeit auch in unseren Aussprachen behandelt worden waren und die DDR auf diesem Gebiete keinen theoretischen Rückstand hat.

Was gegenwärtig auf diesem Gebiet nottut, ist vor allem die Verbesserung der praktischen Arbeit, in erster Linie die Bildung einer Konditionskommission, der die Leitung auf diesem Gebiet zukommt.

Literatur

STAMMBERGER, F.: Zur Festlegung der Konditionen für mineralische Rohstoffe. — Z. angew. Geol., 5, 10, 458–462, Berlin 1959.

— Zur Festlegung der Konditionen für mineralische Rohstoffe (Der Standpunkt einiger amerikanischer Autoren). — Z. angew. Geol., 6, 4, 160–166, Berlin 1960(a).

— Zur Festlegung der Konditionen für mineralische Rohstoffe (Der Standpunkt einiger sowjetischer Autoren). — Z. angew. Geol., 6, 5, 215–221, Berlin 1960(b).

— Zur Festlegung der Konditionen für mineralische Rohstoffe (Beitrag zur Ausarbeitung einer Methodik für die DDR — I). — Z. angew. Geol., 6, 9, 444–450, Berlin 1960(c).

— Zur Festlegung der Konditionen für mineralische Rohstoffe (Beitrag zur Ausarbeitung einer Methodik für die DDR — II). — Z. angew. Geol., 6, 10, 490–496, Berlin 1960(d).

— Über das notwendige Vorratsverhältnis bei der Übergabe von Lagerstätten. — Bergbautechnik, 9 (1961).

KAUTZSCH, E. & G. RICHTER: Erkundungsstadien und Konditionen. — Z. angew. Geol., 7, 11, 560–564, Berlin 1961.

Instruktion der Staatlichen Plankomission der UdSSR vom 12. Sept. 1957 über das Verfahren bei der Einreichung und den Inhalt der Unterlagen, die für die Überprüfung und Bestätigung von Konditionen für Erze erforderlich sind [s. alle mit 1958 veröffentl. Instruktionen der sowjetischen Vorratskommission zur Anwendung der Vorratsklassifikation auf die verschiedenen Lagerstätten, z. B. des Kupfers, Moskau 1961 (russisch)].

Die neue sowjetische Vorratsklassifikation fester mineralischer Rohstoffe vom 5. 9. 1960. — Z. angew. Geol., 7, 8 (1961).

Besprechungen und Referate

QUIRING, H.

Platinmetalle

Platin, Palladium, Iridium, Osmium, Thorium, Ruthenium. In: Die metallischen Rohstoffe — ihre Lagerungsverhältnisse und ihre wirtschaftliche Bedeutung. — Bd. 16 (1962), 288 S., 26 Abb., 74 Zahlentaf., Preis 69,— DM

Dieser Band der Reihe „Die metallischen Rohstoffe" wird von einem größeren Kreis von Interessenten dankbar aufgenommen werden, da die Rolle der selteneren Elemente in der Industrie immer mehr zunimmt. Der Inhalt dieses Bandes ist wie üblich in einen allgemeinen Teil (Allgemeines) und in einen regionalen Teil (Die Länder) gegliedert. Der erste Teil behandelt u. a. das Vorkommen der Platinmetalle, die Entstehung der Lagerstätten, die Erkundung, die Gewinnung des Erzes, die Darstellung des Metalls, Verarbeitung und Verwendung, Geschichte, Ökonomie und Statistik.

Im zweiten Teil werden Angaben über Vorkommen und Gewinnung der Platinmetalle in 49(!) Ländern gemacht. Seine besondere Note erhält das Buch durch die Einarbeitung der lagerstättengenetischen Gedankengänge des Autors, auf die im Vorwort besonders hingewiesen wird (27 Seiten).

Hier seien einige allgemein interessierende Angaben aus der Lagerstättenkunde der Platinmetalle erwähnt. Die Bauwürdigkeitsgrenze liegt nach FOSS für eine Produktion von 10000 jato Platinerzen 1932 bei 0,9 g/t. Für Seifenplatin kann diese Grenze noch bedeutend unterschritten werden, so gibt QUIRING für uralisches Seifenplatin eine Bauwürdigkeitsgrenze von stellenweise 0,1 g/t Platin an.

Die wichtigsten Arten des Vorkommens von Bergplatin sind nach QUIRING:

1. pyrogene Eisenplatin-Chromit-Vorkommen in Duniten und Pyroxeniten,

2. pyrogene Kupfer- und Nickelplatinvorkommen in Serpentinen,

3. pyrogene Osmiridiumvorkommen in Serpentinen,

4. pyrogene Platin-Arsen- (Sperrylith-), Platinsulfid- (Cooperit-), Palladiumsulfid- und Palladium-Antimon-(Palladinit-)Vorkommen in meist in basischen und ultrabasischen Gesteinen eingebetteten Arsenid- und Sulfidlagerstätten,

5. pneumatolytische und hydrothermale Platin-, Osmiridium- und Palladiumvorkommen in einigen meist Gold führenden Gängen.

Die geochemischen Verteilungsgesetze sind für die Platinmetalle noch recht unbekannt. Die Lagerstätten gehören im allgemeinen zu altpaläozoisch-algonkischen Orogenen oder noch älteren Orogenen. Eine Ausnahme bildet der Norilsker Bezirk, der nach QUIRING jungpaläozoisch ist. Die bedeutendsten Lagerstätten sind bei Platin ähnlich wie bei Goldseifenlagerstätten; darunter auch zahlreiche fossile Seifen. Zum Beispiel ist die Gold-Uran-Lagerstätte Witwatersrand eine bedeutende Lagerstätte für Osmiridium, das als Nebenprodukt anfällt.

Durch die Gewinnung etwaiger Spuren von Platin bzw. anderen Platinmetallen — ebenso wie von beliebigen anderen wertvollen Spurenmetallen — kann die Nutzung der Erze selbst bedeutend erhöht werden. Für ein Land wie die DDR, das im Vergleich zu seinem Metallbedarf nur ungenügende Rohstoffmengen selbst aufbringen kann, ist die Gewinnung, d. h. zuerst der Nachweis und die Bestimmung der Platinträger bzw. anderer seltener Metalle in Lagerstätten, die abgebaut oder erkundet werden, von besonderer Bedeutung. Bei der analytischen Routineuntersuchung von Rohstoffen entgehen z. B. die Platinmetalle dem Nachweis, da die spektrochemische Nachweisempfindlichkeit wesentlich über der Bauwürdigkeitsgrenze liegt. Die Vervollkommnung der Geräteausrüstung im Bereich der Staatlichen Geologischen Kommission durch Geräte für die Feststellung von Spurenmetallen in Erzen, die in bestimmten Mineralien konzentriert sind, würde sich auf die Dauer lohnen. So sind z. B. mit Hilfe des elektronischen Mikroanalysators bereits mehrfach Erfolge erzielt worden, worüber in der Literatur berichtet wurde.

In Deutschland enthalten die Bleierze von Mechernich und der Kupferschiefer von Mansfeld sowie eine Anzahl anderer pneumatolytischer und hydrothermaler Erze Spuren von Platin und Platinmetallen. So enthält z. B. der Kupferschiefer von Mansfeld nach OTTEMANN 0,1—1 g/t Platin (diese Angabe ist in dem referierten Band nicht enthalten, der lediglich ältere Daten über Produktion und Ausbringen gibt).

T. KAEMMEL

RITCHIE, A. S.

Der Nachweis von Metallionen in Erzmineralen durch Papierchromatographie. I. Opake Erzminerale

„Economic Geology“, Bd. 57 (1962), S. 238—247

Der Verfasser beschreibt eine Labor- und Feldmethode zur Identifizierung von Mineralen bzw. von Metallionen in ihnen durch aufsteigende Papierchromatographie, und zwar für opake Minerale, die sich mit einfachen Mitteln ziemlich rasch in Lösung bringen lassen. Als Aufschlußmittel dient salpetersäurearmes Königswasser. Als Chromatographieflüssigkeiten werden 4 verschiedene Lösungen, meistens alle 4 parallel, in Stutzen aus Plastik angewendet, in die das Papier zylindrisch zusammengebogen wie üblich eingehängt wird. Auch das Aufbringen der Probenlösungen auf das Papier erfolgt wie üblich.

Die Flüssigkeiten bestehen aus verschiedenen organischen Lösungsmitteln (aliphatischen Alkoholen, Aceton) im Gemisch mit Chlor-, Brom- bzw. Fluorwasserstoffsäure. Die Entwicklung (das mit verschiedener Geschwindigkeit, je nach dem Grade der Komplexbildung der verschiedenen Ionen mit den Komponenten der Flüssigkeiten stattfindende Aufsteigen) dauert 1 bis 6 Stunden.

Die Auswertung des Chromatogramms, d. h. die Identifizierung der Ionen, kann auf drei verschiedene Weise, die je nach Schwierigkeit des Falles einzeln oder zusammen zum Ziele führen, erfolgen: 1. Erkennen gefärbter Ionen unmittelbar an der Farbe der Flecken; 2. Behandeln mit Polysulfid und/oder Oxychinolin und Erkennen auf Grund der Farbe oder der Fluoreszenzfarbe der entstandenen Verbindungsflecke; 3. Messen der Aufsteighöhe des Ions im Verhältnis zu derjenigen der Flüssigkeitsfront (R_f-Wert). Die R_f-Werte sind in den 4 Flüssigkeiten zum Teil sehr verschieden. Entstehen bei der einen Koinzidenzen, so wird mit einer der anderen Trennung erreicht. Beim Verbinden der auf 4 entsprechenden Skalen aufgetragenen R_f-Werte eines Ions für die 4 Flüssigkeiten entstehen charakteristische Zickzacklinien, die der Verfasser „chromatographische Profile“ nennt und welche die routinemäßige Auswertung erleichtern sollen. Dies ist eine neue Konzeption. Im übrigen wird auch mit Vergleichslösungen gearbeitet, besonders unter Feldbedingungen, wo Temperaturkonstanz kaum eingehalten werden kann.

Die halbquantitative Ausführung der Methode ist teilweise möglich und wird vom Verfasser weiterentwickelt. Eine quantitative Ausgestaltung macht Schwierigkeiten. Bei üblicher Konzentration der Minerallösungen treten die Metalle erst ab etwa 10% Metallgehalt des Minerals in Erscheinung; erhöht man die Konzentration wesentlich, so daß die Nebenelemente erkennbar werden, dann stören in manchen Fällen die nun sehr großen und dichten Flecke der Hauptmetalle.

H. GRASSMANN

STOICOVICI, E. & I. MURESAN

Über die Bildung der Eisenerzlagerstätten, mit spezieller Betrachtung der neuentdeckten Eisenerzlagerstätten von Căpusul Mare (Klausenburg)

„Revista Minelor ASIT“, Vol. 13, Bukarest 1962. — Jg. 3, S. 111—114, 3 Abb.

Der erste Teil der Arbeit behandelt die allgemeinen metallogenetischen Vorgänge der Eisenerzlagerstättenbildung im magmatischen, sedimentären und metamorphen Zyklus.

Die klassischen Lagerstätten von Kirunavaara, Magnitnaia, Ocna de Fier, Kertsch, Kursk, Kriwoi Rog, Minas Geraes sowie die sedimentären Minette-, Bohnerz- und Eisenoolithlagerstätten Deutschlands und Frankreichs werden kurz erörtert.

Der zweite Teil beschreibt die von E. STOICOVICI neuentdeckte eozäne Eisenoolithlagerstätte von Căpusul Mare — Căpusul Mic — Agîrbiciu (westlich von Klausenburg), die in kürzester Zeit eine der wichtigsten Eisenerzlagerstätten Rumäniens geworden ist.

Die eozäne Eisenoolithlagerstätte (2—10 m Mächtigkeit) hat im Liegenden Ostreikalke und im Hangenden Nummulitenmergel. In Abb. 2 der Arbeit wird die stratigraphische Schichtenfolge eingehend gegliedert; Abb. 3 stellt eine sehr ausdrucksvolle Aufnahme der ersten Schürfstelle der neuentdeckten Erzlagerstätte dar.

Die Goethitoolithe weisen einen Durchmesser von 0,03 bis 2 mm auf und lagern in einer kalkig-ankeritisch-glaukonitischen Grundmasse. Die Eisenerze führen rund 32—35% Fe, 0,1% V, 15—20% CaO, 1—2% MgO, 5—9% SiO_2, 2—3% Al_2O_3, 0,3—0,4% P_2O_5, 0,1% S und sind somit von vorzüglicher Qualität. Durch Rösten wurde ein Rohstoff mit 45% Fe erzeugt, und mittels Waschen des Erzes erzielt man reine Oolithkonzentrate mit 60—63% Fe.

Ferner werden die genetischen lagerstättenbildenden Vorgänge in der eozänen Lagune des Siebenbürgischen Meeres sowie die pH- und E_h-Bedingungen der Eisenoolithfällung betrachtet.

Die von E. STOICOVICI neuentdeckte Lagerstättengruppe dehnt sich entlang der ganzen Küstenzone des ehemaligen Eozänmeeres des Siebenbürgischen Beckens, auch bei Jibău, Hermannstadt bis Porceşti (am Alth) aus, so daß die Eisenoolith- und Glaukonitlagervorräte bedeutend sind.

C. SUPERCEANU

SCHÄDEL, J.

Untersuchungen zur Bildungsfolge der Mineralien in den Drusen der Granite von Striegau/Schlesien (Strzegom, PRL)

Nova Acta Leopoldina, Abh. dtsch. Akad. Naturforscher Leopoldina N. F., Johann-Ambrosius-Barth-Verlag, Leipzig 1961, Bd. 24, Nr. 153, 32 S., 34 Abb., 3,30 DM

Die Striegauer Drusen gehören zu den klassischen Drusenvorkommen in Graniten und sind seit ihrer Erstbearbeitung im Jahre 1868 alle zwanzig bis dreißig Jahre erneut bearbeitet worden. Der Autor setzt sich kritisch mit der FERSMANschen Deutung des schriftgranitischen Gefüges auseinander. Der Autor kann zeigen, daß eine Reihe morphologischer Eigenschaften der Verwachsung, die zum Teil Altersrückschlüsse erlauben, nicht mit der FERSMANschen Hypothese übereinstimmen können. Für SCHÄDEL sind dagegen lateralsekretionäre Diffusionsvorgänge für die Bildung des Schriftgranites wesentliche Faktoren.

Die Ursache für die Entstehung des Drusenraumes läßt sich mit dem zur Verfügung stehenden petrographischen Tatsachenmaterial noch nicht sicher ermitteln. Der Autor neigt wohl der Hypothese von WEBSKY zu, nach der Kalksteinschollen im Granit Grund zur Drusenbildung gewesen sind.

T. KAEMMEL

ASCHIROW, K. B.

Über Lagerungsbedingungen des Erdöls in Karbonatgesteinen des mittleren Wolgagebiets

Geologija nefti i gasa, 1960. — Nr. 10, S. 10—13, 3 Abb.

Die Erdöllager des mittleren Wolgagebiets befinden sich vorwiegend in karbonatischen Speichergesteinen innerhalb von Antiklinalstrukturen. Bei den meisten von ihnen beobachtet man eine Verringerung der Permeabilität und Porosität nach unten und eine hermetische Isolation vom Schichtwassersystem durch Füllung von Poren und Spalten mit sekundärem Kalzit. Die Ausscheidung des Kalzits erfolgte durch biochemische Vorgänge am Erdöl-Wasser-Kontakt (Bakterien) während der Füllung des Speichers mit Erdöl. Der Kontakt bewegte sich dabei infolge Divergenz des Daches immer langsamer nach unten, wobei sich die abgeschiedene Kalzitmenge pro Volumeneinheit fortwährend erhöhte. Dieser Vorgang führte zur Verschlechterung der Speichereigenschaften nach dem Liegenden und schließlich zur völligen Isolation. Die allgemein 2—3 m mächtige „Barriere“ ist äußerst widerstandsfähig. In der Lagerstätte „Muchanowskoje“ hält sie bereits fünf Jahre einer Druckdifferenz von 40 at stand. Ihre Anwesenheit kompliziert die Förderung, da hierbei der Randwassertrieb nicht wirksam ist.

NEUMANN

DLABAČ, M. & M. ŠTAUD

Die Entstehung und Zusammensetzung der Erdöle im tschechoslowakischen Teil des Wiener Beckens

„Geologické práce“, 16, Bratislava 1959 (tschech.)

Die Verf. analysierten nach der „n-d-M“-Methode die Erdöle des tschechoslowakischen Teils des Wiener Beckens und fanden drei Grundtypen: 1. Paraffinöle, 2. Paraffin-Naphthen-Öle, 3. Naphthenöle.

Die Untersuchungen erlaubten es auch, einzelne Grundtypen bestimmten geologischen Horizonten zuzuordnen. Auf diese Weise konnten interessante Schlüsse über die Migration und über Mischungsvorgänge gezogen werden. An den Beispielen der Strukturen Hodonín, Velké Bílovice und anderen konnte die Wanderung des Erdöls auf Brüchen und

Störungen aus tieferen Horizonten in höhere nachgewiesen werden.

Auf Grund einer weiter reichenden Unterteilung der genannten Grundtypen in 11 Gruppen gewannen die Verf. den Eindruck, daß Rohöle in einigen Schichtfolgen als genetisch selbstständige Einheiten anzusehen sind. K. KAUTER

PERKINS, T. K., L. R. KERN & R. E. WYANT

Die Durchführung einer Fracbehandlung bei Verwendung von Aluminiumteilchen

„The Oil and Gas Journal", 3 (1961)

Hydrofracbehandlungen bringen nicht immer den gewünschten Erfolg. In jüngster Zeit hat die von den Autoren angewandte Methode, Aluminiumteilchen als Fracmittel zu verwenden, starke Beachtung gefunden.

In dieser Arbeit werden die Konzeption, die Technologie und die Durchführung solcher Fracbehandlungen mit Aluminiumteilchen beschrieben. Anhand mehrerer Diagramme und Berechnungen zeigen Verf. die Vorteile einer mit Aluminiumzusatz durchgeführten Fracbehandlung gegenüber der einfachen Hydrofrac auf.

Der Hauptteil der Arbeit beschäftigt sich mit Untersuchungen über die günstigste Konzentration der Aluminiumteilchen, über die Abhängigkeit der Eindringtiefe von der Teilchenverteilung und über die „Fracorientierung" sowie mit der Beschreibung der technischen Durchführung solcher Fracbehandlungen.

Für die Suspension der Aluminiumteilchen werden entweder Öl oder eine dickflüssige Öl-Wasser-Emulsion verwendet.

Als besonders vorteilhaft erweist sich die Anwendung von Aluminiumteilchen in Verbindung mit Sand. Diese, als Mischung oder separat in eine tragende Flüssigkeit injiziert, erlauben eine noch erfolgreichere und vor allem billigere Arbeitsweise.

Unter Verwendung der entsprechenden, in dieser Arbeit angegebenen Diagramme wird eine Fracbehandlung in allen Details berechnet, wenn folgende Bohrlochbedingungen bekannt sind:

Mächtigkeit des Speicherhorizontes, dessen Permeabilität, die Teufe, das Einzugsgebiet und der Bohrlochradius.

Diese Arbeit wendet sich vor allem an Ingenieure und Techniker, dürfte aber gleichfalls dem Geologen großes Interesse abgewinnen. Insgesamt enthält die Arbeit 11 Diagramme. D. OSSWALD

JACOB, H.

Die Bildung der Kohlen unter besonderer Berücksichtigung der biochemischen Phase

Geol. Jb., Bd. 78 (1961), S. 103—122

Der Verfasser unternimmt den Versuch, ein Bild der Kohlengenese zu entwerfen, wobei das Hauptaugenmerk auf die biochemische Inkohlungsphase, d. h. den Torfzustand, gerichtet ist. Es besteht die Reihenfolge Torf—Braunkohle—Steinkohle, die beim nicht mehr brennbaren Graphit endet.

Im Torfstadium bestehen unabhängig von der Fazies immer folgende drei Zonen: Vegetationszone, primäre Oxydationszone, Reduktionszone. In der ersteren wird unter den besonderen Bedingungen von Klima, Fazies und Basengehalt das Ausgangsmaterial geliefert, das dann in der primären Oxydationszone der Humifikation und der beginnenden Inkohlung unterliegt. JACOB schließt sich hier der Meinung von RIPPEL-BALDES an, wonach man Humus von Torfen ganz oder teilweise als Stoffwechselprodukt und abgestorbene Körpermasse von Mikroben betrachten kann. Wichtig ist auch hier wieder der Einfluß von Temperatur, Basengehalt und Fazies. Unter der nur zentimeterstarken Oxydationszone folgt die Reduktionszone, die praktisch die gesamte Mächtigkeit der Lagerstätte einnimmt.

Im Stadium der Weichbraunkohlen altert der Humus; geochemische Umwandlungen beginnen erst bei den Hartbraunkohlen, bei denen noch die physikalischen Veränderungen überwiegen, während dann in Steinkohlenstadien hauptsächlich chemische Umlagerungen stattfinden. Hier zeigt sich bei den Anthraziten schon beginnende Graphitisierung. Als Endglied der Inkohlungsreihe ist der Graphit anzusehen, wobei aber auch darauf hingewiesen ist, daß nicht jeder Graphit organischer Entstehung zu sein braucht.

Die Arbeit von JACOB stellt eine Zusammenfassung und Auswertung der modernen Untersuchungs- und Forschungsergebnisse auf dem Gebiet der Kohlengeologie dar und entspricht wahrscheinlich der Auffassung der meisten Kohlengeologen zum Problem der Genese dieses Rohstoffes. HERBST

GOMUŁCZYŃSKI, J. & S. CZERWINSKA

Richtlinien für die Herstellung von Bohrzementen

„Nafta", Nr. 12 (1961)

Die in der VR Polen hergestellten Portlandzemente sind infolge ihrer physikalisch-chemischen Eigenschaften nicht zum Zementieren von Bohrlöchern geeignet. Verf. fordern spezielle Tiefbohrzemente mit guten mechanischen Eigenschaften, auch unter erhöhten Druck- und Temperaturverhältnissen sowie mit modifizierten Abbinde- bzw. Versteifungszeiten für Teufen unter und über 2000 m. Die Zusammensetzung des Zementes soll innerhalb bestimmter Grenzen liegen. Für die Gehalte an MgO, SO_3, C_3A und C_4AF werden maximale Grenzen angegeben. Außerdem wird eine hohe Korrosionsbeständigkeit gegen aggressive Wässer gefordert. Als Vergleich dienen die amerikanischen Standards und die in den USA verwendeten API-Oilwell-Zemente. K. SCHULZE

CHISHOLM, F., R. W. RUHE JR. & W. J. MURCHISON

New CL-CLS mud proves its mettle — in high-temperature, high-pressure wells

Neue CL-CLS-Tiefbohrspülung)

„The Oil and Gas Journal", Nov. 20, S. 188—202, 1961

Mit der CL-CLS-Spülung als neuste wissenschaftliche Errungenschaft der Amerikaner glaubt man, auf dem Gebiete bester und billigster Bohrspülungen den Stein der Weisen gefunden zu haben.

Die Veröffentlichungen, mit denen die Verf. den Fachexperten Kunde geben, schlagen auf geschäftsmäßige Art die Reklametrommel, ohne auf die Herstellung der neuen Spülung ausführlicher einzugehen.

Die Bestandteile sind Wasser, Bentonit, Baryt, kaustische Soda, Chrom-Lignit und Chrom-Lignosulfonat; daher die Bezeichnung CL-CLS-Spülung.

Immerhin wurden mit dieser Spülung im Zeitraum von 9 Monaten über 300 Tiefbohrungen, vornehmlich in Texas und Louisiana, niedergebracht, bei denen die hervorragenden Eigenschaften der Spülung sich bewährt haben und eine erhebliche Kostensenkung dieser Bohrungen erreicht wurde.

Die Vorteile der CL-CLS-Spülung sind: hohe Thermostabilität, Widerstandsfähigkeit gegen schädigende Einflüsse, wenig Schwierigkeiten im Bohrloch und damit Gewähr für ein einwandfreies Bohren sowie weitaus niedrigere Kosten als bei den bisher mit CMC-Produkten bearbeiteten Spülungstypen.

Es ist bekannt, daß alle Spülungen durch ihre Wasserabgabe einen mehr oder weniger hohen Filtrationsanteil aufweisen, so daß sich durch Absetzen der Filterkruste an der Bohrlochwand Komplikationen für das Bohren ergeben. Festziehen des Bohrwerkzeuges und Bohrgestänges, Fangarbeiten und Aufgeben von Bohrlöchern sind häufig die Folgen.

Hohe Temperaturen und Drücke bei tiefen Bohrungen bringen besondere Schwierigkeiten für den Bestand der guten Eigenschaften einer Spülung. Sie sind gleichfalls der Grund für einen niedrigen pH-Wert, wie er sich vornehmlich in der im Jahre 1940 populär gewordenen Phosphat- und Soda-Quebracho-Spülung gezeigt hat.

Diese Spülung konnte gegen Schädigungen nicht resistent sein, sie war chemisch unstabil. Wenn die Viskosität nicht ansteigen und das spezifische Gewicht erhalten bleiben sollte, mußte vielfach Wasser zugesetzt werden.

Die Mängel dieser Spülung wurden nach dem 2. Weltkrieg durch die Einführung von Kalkspülungen aufgehoben, bei denen außerdem in festen Gesteinsschichten bessere Bohrfortschritte erzielt wurden. Kalkspülungen sind leichter zu bearbeiten und bildeten gegenüber den Spülungen mit niedrigem pH-Wert bisher eine gewaltige Verbesserung, denn sie sind hohen Temperaturen gegenüber auch gefestigter.

Die mit CMC-Produkten geschützten Spülungen, mit denen heute noch vorwiegend in der Welt gebohrt wird, setzen die Wasserabgabe und Filterkruste herab, tragen aber zur Viskositätserhöhung bei und sind nur bedingt thermostabil.

Bei der CL-CLS-Spülung hingegen gibt es keinen Viskositätsanstieg und damit kein Übertreten der Spülung beim

Bohren. Gegen Natrium-Kalzium- und Anhydritschädigungen bietet diese Spülung den besten Schutz. Der pH-Wert ist niedrig, so daß leichter und sicher mit ihm zu arbeiten ist.

Was die Kosten anbetrifft, so sollen uns einige Beispiele überzeugen, die aus der Gegenüberstellung von Bohrungen zu ersehen sind, die mit CL-CLS-Spülung, und solchen, die mit den bisher üblichen Spülungstypen niedergebracht worden sind.

Offshore, Süd-Louisiana

Teufe	3919 m	3942 m
Spülungstyp	CL-CLS	Gyp
Spez. Gewicht	1,42 g/cm³	1,40 g/cm³
Spülungskosten	$ 40921,55	$ 83810,48
Bohrtage	17	28

De Witt County, Texas

Teufe	3350 m	3359 m	3345 m
Spülungstyp	CL-CLS	Gyp	Gyp
Spez. Gewicht	1,32 g/cm³	1,32 g/cm³	1,32 g/cm³
Spülungskosten	$ 19235,–	$ 45288,–	$ 32088,–
Meißelverbrauch (Diamant)	23	23	20
Bohrzeit	462 h	487 h	480 h
Bohrtage	33	34	37

H. Wohlfahrt

Dimboiu, M.

Bohrspülungen zur Durchdringung produktiver Formationen

„Petrol si Gaze", Jg. 12 (1961), 9, S. 391–400

Der Wasserabgabe, d. h. dem Filtrationswert von Bohrspülungen und der damit in Verbindung stehenden Blockierung der produktiven Schichten, ist ganz besondere Aufmerksamkeit zu schenken. Als beste Spülung wird die Emulsionsspülung vom Verf. hervorgehoben und durch Literaturzusammenstellungen erhärtet. Der beste Einsatz erfolgt beim Durchteufen von produktiven Schichten im Sandstein mit Toneinlagerungen, da hier Spülungen auf Wasserbasis zu einer Permeabilitätssenkung führen. Man unterscheidet Emulsionen von Öl-in-Wasser- und als umgekehrte Emulsion den Typ der Wasser-in-Öl-Spülung. Diese Spülungen sind beständig gegen Elektrolyte und gegen Temperaturen. Weiterhin tritt keine Filtration ein; der Bohrlochdurchmesser bleibt konstant.

Die Emulsionsspülung wird noch nicht im breiten Maße verwendet, da gewisse Manipulationsschwierigkeiten der Techniker und Feuergefahr auftreten. Der Emulgator, der sich hauptsächlich in der öligen Phase befindet und die Kontaktflächen zwischen Öl und Wasser verbinden soll, besteht aus Salzen der Fettsäuren oder aus Kalziumsalzen von Lignin-Sulfosäuren. Die Emulsionsspülungen wurden in den letzten Jahren in der VR Rumänien eingesetzt. Die Emulsion wird aus einer 4–6%igen Bentonitspülung sowie aus 5–35% Roh- oder Erdöl präpariert. Als Emulgator und Stabilisator sind verschiedene Produkte im Einsatz. Die Spülungsmeßwerte sind sehr gut, es ergeben sich aber auch bohrtechnische Verbesserungen, insbesondere durch die erhöhte Schmierwirkung.

Die beiden Emulsionsarten werden gegenübergestellt und ihre Vor- und Nachteile bei den verschiedensten Beanspruchungen an Hand von Tabellen und Abbildungen angezeigt.

Weitere Laboruntersuchungen bemühen sich um den ökonomischen Einsatz der „Wasser-in-Öl-Spülung" mit vorhandenen Materialien. B. Heyne

Kötter, K. u. a.

Hydrogeologie des Westteils der Ibbenbürener Karbonscholle

Forsch.-Ber. d. Landes Nordrhein-Westfalen, Westdeutscher Verl., Köln u. Opladen, Nr. 999, 1962; 113 S., 45 Abb., brosch. 36,90 DM

Die Arbeit befaßt sich in erster Linie mit der Hydrochemie der Grund- bzw. Grubenwässer des dortigen Steinkohlenbergbaues. Es treten erstaunlich hohe Eisen- und Sulfatgehalte sowie extrem niedrige pH-Werte auf, deren Vorhandensein und Beseitigung eine ernsthafte Belastung des Bergbaues darstellen.

Drei Wassertypen lassen sich unterscheiden:

a) mineralarme Grundwässer, die den normalen oberflächennahen Grundwässern der Ibbenbürener Scholle entsprechen;

b) sulfatische Grundwässer, die als normale Grundwässer in die seit langem vorhandenen Baue eindringen und sich dort mit den Verwitterungsprodukten des Schwefelkieses beladen (nicht selten pH-Werte unter 2, Eisengehalte über 2000 mg/l, Sulfatgehalte über 5000 mg/l SO_4'');

c) chloridische Grundwässer, die infolge des tiefreichenden Absenkungstrichters des Bergbaubetriebes vom tektonisch abgegrenzten mesozoischen Karbonvorland herbeigezogen werden und deren Chloridgehalt (bis 1000 mg/l) in Zechsteinsalzen seinen Ursprung haben wird.

Die Arbeit gibt ausführlich Auskunft über die hydrogeologischen bzw. hydrochemischen Einzeluntersuchungen und -auswertungen.

Abschließend werden Aussagen über die Entwicklungstendenzen der Grubenwasserbeschaffenheit gemacht. Auf Grund der in der Arbeit mitgeteilten Erkenntnisse wird folgende Entwicklung der hydrochemischen Situation bei zunehmender Teufe des Bergbaues wörtlich vorausgesagt: „Die Menge des Westfeld-Mischwassers wird weiterhin zunehmen. Die Konzentration an Eisen, Sulfat und Schwefelsäure wird weiterhin abnehmen, wohingegen die Konzentration an Chloriden zunehmen wird. Die Gesamtmenge an mitgeführtem Eisen, Sulfat und Schwefelsäure wird zunehmen, jedoch nicht in dem Maße, wie es die Menge des mitgeführten Chlorids tun wird." Zieschang

Franke, D.

Der Bau der Triebeler Querzone

Freiberger Forsch.-H., C 128, Akademie-Verlag, Berlin 1962; 88 S., 46 Abb., 5 Taf., 14,50 DM

Verf. untersuchte in dieser gründlichen Arbeit eine stark ausgeprägte Zone tektonischer Vergitterung im thüringisch-vogtländischen Schiefergebirge. Die sogenannte Triebeler Querzone, innerhalb des Phycodenschieferkomplexes, wurde bisher fast ausnahmslos als Quersattel aufgefaßt. Franke konnte auf Grund von vielen gewissenhaft durchgeführten kleintektonischen Messungen und deren Auswertung nachweisen, daß es sich nicht um einen solchen handelt, sondern um ein System von einander durchkreuzenden erzgebirgischen Pressungs- und herzynischen Dehnungsformen. Das angeführte Literaturverzeichnis umfaßt mit 114 Titeln alle einschlägige Literatur über dieses Gebiet. K. Kauter

Rast, Nicholas

Applied Geophysics USSR

Pergamon Press Ltd., Oxford, London, New York, Paris 1962. 429 S., zahlr. Zeichn., Abb., Tab. u. Taf., 5 £

In diesem Buch kommen sowjetische Spezialisten auf dem Gebiet der Geophysik zu Wort. Der Text ist untergliedert in vier Teile: Seismik, Gravimetrie, elektrische Vermessung und Erdölgeophysik.

Zum ersten Thema kommen die Seismiker: Gorbatowa, Florowa, Shushkow und Oblogina zu Wort. Über gravimetrische Messungen und Methoden liegen Arbeiten von Weselow & Pantelejew und Kotliarewskij vor. Zu den Fragen elektrischer Methoden äußern sich Terekhin, Aleksejew, Berdichewskij, Korolenko und Fomina.

In dem Kapitel über Erdölgeophysik werden von Galkin, Scherbakowa, Komarow, Polyakow, Saporoshets u. a. vor allem die neueren Methoden des Lumineszenzlogs, des Gaslogs und der radiometrischen Vermessungen behandelt.

Eine solche zusammengefaßte Übersicht kann natürlich keine detaillierte Aussage machen über die angewandte Geophysik in der Sowjetunion schlechthin. Der Herausgeber war sich dessen auch, wie es aus der Einleitung ersichtlich ist, voll bewußt. Im vorliegenden Fall kam es darauf an, einige wichtige Momente in der neuesten Entwicklung der angewandten Geophysik der UdSSR aufzuzeigen, die für Erdölgeophysiker, Erdölgeologen, aber auch für Methodiker in der Geophysik schlechthin interessant sind. K. Kauter

Sullivan, R.

Foraminifera from the Type Section of the San Lorenzo Formation Santa Cruz County California

Univ. Calif. Publ. Geol. Sci., Jg. 37, Teil 4, S. 233–352, 5 Tab., 23 Taf.

Aus marinen tertiären Sedimenten der Santa Cruz Mountains in Kalifornien werden 213 Foraminiferenarten und -unterarten beschrieben, die stratigraphisch der San-Lorenzo-

Formation (Mächtigkeit: 2250 feet = 750 m) sowie deren Liegendem und Hangendem, den Vaqueros- und Butano-Formationen, entstammen. Altersmäßig handelt es sich bei den genannten Ablagerungen um eine kontinuierliche Folge des höheren Eozäns (Narizian), Oligozäns (Refugian) und eine nicht weiter zu trennende Serie des Oligo-Miozäns (Zenarian).

Die sehr reichen Foraminiferen-Faunen, bestehend sowohl aus Kalk- als auch aus Sandschalern, gestatteten dem Verfasser ein mikropaläontologisches Gliederungsschema in 18 Faunenbildern. Natürlich läßt eine solche biofaziell begründete Unterteilung keine direkten Beziehungen zu unseren gleichalterigen mitteleuropäischen Vorkommen erkennen, interessant ist jedoch, daß in den vergleichbaren Schichten unseres Raumes die gattungsmäßige Zusammensetzung der Faunen insgesamt eine ähnliche ist. Mit Ausnahme der Gattungen *Pelosina, Dorothia, Rectogümbelina, Bolivinoides, Siphogenerina* und *Hantkenina* sind die übrigen 72 Genera, die vorwiegend den Nodosariidea, Buliminidea und Rotaliidea angehören, auch bei uns vertreten. Erstaunlicherweise geht die Übereinstimmung in einigen Fällen sogar bis in die Arten. Danach haben folgende Formen des Tertiärs anscheinend weltweite Verbreitung:

Quinqueloculina triangularis D'ORBIGNY
Nodosaria ewaldi REUSS
Lenticulina (Robulus) cultrata (MONTFORT)
Lenticulina (Robulus) inornata (D'ORBIGNY)
Lagena hexagona (WILLIAMSON)
Guttulina problema D'ORBIGNY
Stilostomella consobrina (D'ORBIGNY)
Stilostomella pauperata (D'ORBIGNY)
Eponides umbonatus (REUSS)

Andere Arten haben, wie von SULLIVAN in Zusammenhang mit seinen ökologischen Betrachtungen herausgearbeitet, ihre europäischen Vertreter. So entspricht die amerikanische Form *Cibicides cushmani* der europäischen *Cibicides lobatula, Chilostomelloides oviformis* ersetzt *Chilostomella ovoidea*, und *Cassidulina globosa* tritt für *Cassidulina subglobosa* auf. Diese Gegenüberstellung der Arten kann noch bei weiteren Formen nachgelesen werden. Die vom Verfasser neu aufgestellten Einheiten (3 Arten, 1 Unterart) sind bei uns unbekannt.

Von besonderer Bedeutung für die moderne Mikropaläontologie sind die bereits erwähnten, von SULLIVAN ziemlich ausführlich gehaltenen ökologischen Betrachtungen. Aus zahlreichen vielfach zusammengetragenen Einzelheiten über die Lebensgewohnheiten der Arten ergibt sich ein deutlicher Eindruck über die Meeresverhältnisse in den einzelnen Horizonten. Es entsteht für die Zeit vom Obereozän bis ins Miozän das Bild eines Meeres unter normalen hochmarinen Bedingungen, mit tropischem bis subtropischem Oberflächenwasser und bathyalen Tiefenverhältnissen. Ein Wechsel in neritische Fazies im unteren Teil der San-Lorenzo-Formation (höchstes Obereozän) war nur von sehr kurzer Dauer.

Insgesamt gesehen vermittelt die Arbeit eine interessante und sehr abgerundete Darstellung über Taxionomie, Stratigraphie und Ökologie der Mikrofauna der San-Lorenzo-Formation (Typus-Lokalität), deren allgemeiner Wert in den durchgeführten biofaziellen Untersuchungen liegt.

Y. KIESEL

Vorträge des XII. Berg- und Hüttenmännischen Tages vom 8. bis 11. Juni 1960 in Freiberg

Freiberger Forsch.-H., C 101, Akademie-Verlag, Berlin 1961, 48 Seiten, 29 Abb., brosch. 6,25 DM

1. Die CONRAD-Diskontinuität von MARCUS BATH, Uppsala

Die Vortragsveröffentlichung behandelt die Methoden und bisherigen Ergebnisse zur Bestimmung der inneren Struktur der kontinentalen Erdkruste. Der Verf. gibt eine zusammenfassende Darstellung der verschiedenen seismischen Methoden zur Erforschung der Erdkruste und behandelt deren wesentliche Resultate. Dabei wurden nur solche Beobachtungsergebnisse herangezogen, die Einblick in die tiefere Struktur der kontinentalen Erdkruste geben, alle sprengseismischen Resultate, die nur oberflächennahe Strukturen erfassen, wurden nicht berücksichtigt.

Zur Bestimmung der inneren Struktur der Erdkruste erwiesen sich seismische Refraktions- und Reflexionsuntersuchungen am zuverlässigsten.

Die Veröffentlichung beinhaltet eine sehr umfangreiche Zusammenstellung von graphischem und tabellarischem Material, woraus die Bestimmung der kontinentalen Struktur aus seismischen Resultaten hervorgeht.

Es werden die Resultate einer großen Anzahl von Beobachtungen nach der Reflexions- und Refraktionsmethode in Zentraleuropa, Nordamerika, Afrika, Australien, Japan, Neuseeland und Südamerika beschrieben, wobei besonders auf den Verlauf der CONRAD-Diskontinuität eingegangen wird. Die Veröffentlichung befaßt sich auch in besonderem Maße mit der Deutung der verschiedenen Resultate, wobei die C- und M-Flächen im Mittelpunkt der Betrachtungen stehen.

2. Neue Ergebnisse der Mikroseismenforschung in Prag von ALOIS ZATOPEK, Prag

Die vorliegende Veröffentlichung betrachtet die in der Zeitspanne von 1948—1960 in Prag beobachtete mikroseismische Aktivität Mitteleuropas, verglichen mit der Sonnenaktivität.

Der erste Teil befaßt sich mit dem zur Auswertung vorliegenden Material und mit der Darstellungsmethodik und zeigt graphische Darstellungen charakteristischer mikroseismischer Tätigkeitsperioden in bezug auf die Sonnentätigkeit.

Der 2. Teil der Veröffentlichung behandelt die Ergebnisse der mikroseismischen Untersuchungen und deren Deutung und erörtert Zusammenhänge der mikroseismischen Amplituden mit der Sonnentätigkeit.

Besondere Betrachtungen gelten den idealisierten Amplitudenkurven verschiedener Stationen und deren Vergleichsmöglichkeiten sowie den sich daraus ergebenden Schlußfolgerungen auf die Verfolgung der mikroseismenbildenden Zonen in Mitteleuropa und deren Lokalisierung.

Beide Veröffentlichungen sind für den Geophysiker von großem Interesse und geben einen guten Einblick in den gegenwärtigen Stand der seismischen Forschung.

TÖPFER

Neuerscheinungen und Literaturhinweise

DAWAGANA, W. C. u. a.
Das Aufsuchen und die Erkundung von Bor-Rohstoffen
Gosgeoltechisdat, Moskau 1960. — 102 S.

SINDEJEWA, N. D.
Mineralogie, Lagerstättentypen und Grundzüge der Geochemie des Selens und Tellurs
Verlag AN SSSR, Moskau 1959. — 256 S.

RAMZES, B. J.
Aufsuchen und Erschließen von Sand- und Kieslagerstätten
Gostrojisdat, Moskau 1959. — 150 S.

WERSCHKOWSKAJA, O. W. u. a.
Gallium
Verlag AN SSSR, Moskau 1960. — 145 S.

BYCHOWER, N. A.
Die Mineralvorräte der kapitalistischen Länder
Gosplanisdat, Moskau 1960. — 274 S.

WAINSCHTEIN, W. G.
Kursker Magnetanomalie — die größte Eisenerzbasis der UdSSR
Gosgortechisdat, Moskau 1961. — 106 S.

AMIRASLANOW, A. A.
Die Blei-Zink-Lagerstätten Australiens
Gosgeoltechisdat, Moskau 1960. — 135 S.

LISITSCHKIN, S. M.
Die Erdölindustrie in den Ländern der Volksdemokratien
Gostoptechisdat, Moskau 1960. — 277 S.

BALASCHOW, L. S.
Das Surchan-Darja-artesische Becken
Verlag AN SSSR, Moskau 1960. — 277 S.

KLIMENTOW, P. P.
Die Methodik hydrogeologischer Untersuchungen
Gosgeoltechisdat, Moskau 1961. — 389 S.

Nachrichten und Informationen

Der Eisen- und Stahlproduktions- und Energieverband der RgW-Länder

Die Abstimmung der Produktion, die gegenseitige Versorgung und der Austausch von Erzeugnissen in den Ländern des RgW (Rat für gegenseitige Wirtschaftshilfe) erstrecken sich in besonderem Maße auf die Eisen- und Stahlindustrie und auf die Energieversorgung. Für die nächsten zwei Jahrzehnte ist außer in der Sowjetunion auch in den übrigen RgW-Ländern eine gewaltige Steigerung der Eisen- und Stahlproduktion geplant. 1961 wurden in den gesamten RgW-Ländern 93 Mill. t Rohstahl (25% der Weltproduktion) erzeugt, für 1965 sind 120 bis 125 Mill. t geplant und für 1980 insgesamt 500 Mill. t, wovon die Hälfte in der Sowjetunion erzeugt werden wird.

Die ausreichende Versorgung mit Erzen und Brennstoffen ist die wichtigste Voraussetzung bei diesen Planungen. Umfangreiche Lieferungen seitens der Sowjetunion an die übrigen Länder sind erforderlich, da diese ihren Bedarf nicht aus eigener Förderung decken können. 1955 lieferte die Sowjetunion 8,8 Mill. t Eisenerze, 1960 bereits 15,18 Mill. t. Die ČSSR allein soll 1965 10,1 Mill. t und Polen von 1962 bis 1965 mehr als 35 Mill. t erhalten. Die Kombinate von Galatz in Rumänien und Kosice (Kaschau) in der ČSSR werden mit Erzen von Kriwoi Rog in der Ukraine versorgt werden. Bulgarien vermag aus seinen Eisenerzen von Kremikowzi, die auf 250 Mill. t geschätzt werden, Lieferungen abzugeben.

Die Sowjetunion stellt den verbündeten Ländern auch Pläne und Ausrüstungen für neue Werke zur Verfügung. So lieferte sie an Polen die Pläne für das Hüttenkombinat Lenin und das Edelstahlwerk Warszawa, an Bulgarien die Pläne für die Kombinate Lenin und Kremikowzi, an Rumänien für das Kombinat Galatz, an die ČSSR für das Kombinat Klement Gottwald in Ostrawa-Kunice und nicht zuletzt an die DDR für das Kombinat von Eisenhüttenstadt. Andererseits unterstützen die DDR und die ČSSR auf Grund ihrer hochentwickelten Maschinenindustrie mehrere Partnerländer bei der Entwicklung ihrer Erzeugungsmöglichkeiten oder liefern ihre Erzeugnisse. So lieferte 1957 die DDR an die Sowjetunion 21700 t und 1959 etwa 9200 t neuzeitliche Walzwerkseinrichtungen, die ČSSR lieferte solche im Umfang von 10500 und 8500 t. Die Sowjetunion wiederum lieferte seit Bestehen des RgW an die Mitgliedsländer sowie an China, Nordkorea, Nordvietnam und die Mongolische VR Stahlwerksanlagen mit einer Gesamtkapazität von 40 Mill. t Rohstahl, über 100 Kraftwerksanlagen, die zusammen 104 Mill. kWh erzeugen, 21 Erdölraffinerien, 55 Bergwerksanlagen und über 100 Maschinenbaubetriebe.

Bei der mit der Eisen- und Stahlproduktion eng verbundenen Kohlen-, Koks- und Energieversorgung liegen die Dinge ähnlich. Nur Polen und die ČSSR können außer der Sowjetunion ihren Koksbedarf selbst decken, die übrigen RgW-Länder sind auf Importe angewiesen. Die Sowjetunion liefert große Mengen Koks, bezieht jedoch Steinkohle und Anthrazit aus mehreren RgW-Ländern. Auch die ČSSR macht mit Polen einen Austausch Kokskohle gegen Steinkohle. Aus den ungeheuren Vorräten der Sowjetunion an Erdöl und Erdgas werden durch die „Pipeline der Freundschaft" große Mengen den westlichen und südwestlichen Nachbarn zufließen. Die Durchsatzleistung im Jahre 1965 ist mit etwa 15 Mill. t angesetzt. Ha.

Eisenerzvorräte in Afrika

Die nachfolgende Tabelle und Karte über Eisenerzvorräte afrikanischer Länder, insbesondere der jungen unabhängigen Republiken, sowie ein Diagramm über die Eisenerzförderung der Welt im letzten Jahrzehnt entnehmen wir den 1961 von der „Wirtschaftsvereinigung Eisen- und Stahlindustrie Düsseldorf" unter dem Titel „Die Eisenerzwirtschaft der Welt in Zahlen", Verlag Stahleisen, veröffentlichten Zusammenstellungen. Die Mengenangaben der Tabelle wurden durch einige Angaben über Lagerstättenarten und Fe-Gehalte in Anlehnung an E. A. Scheibe: Eisenerz- und Manganerzlagerstätten in Afrika — Stahl und Eisen, Jg. 82, H. 3, S. 137—146 (1962) ergänzt.

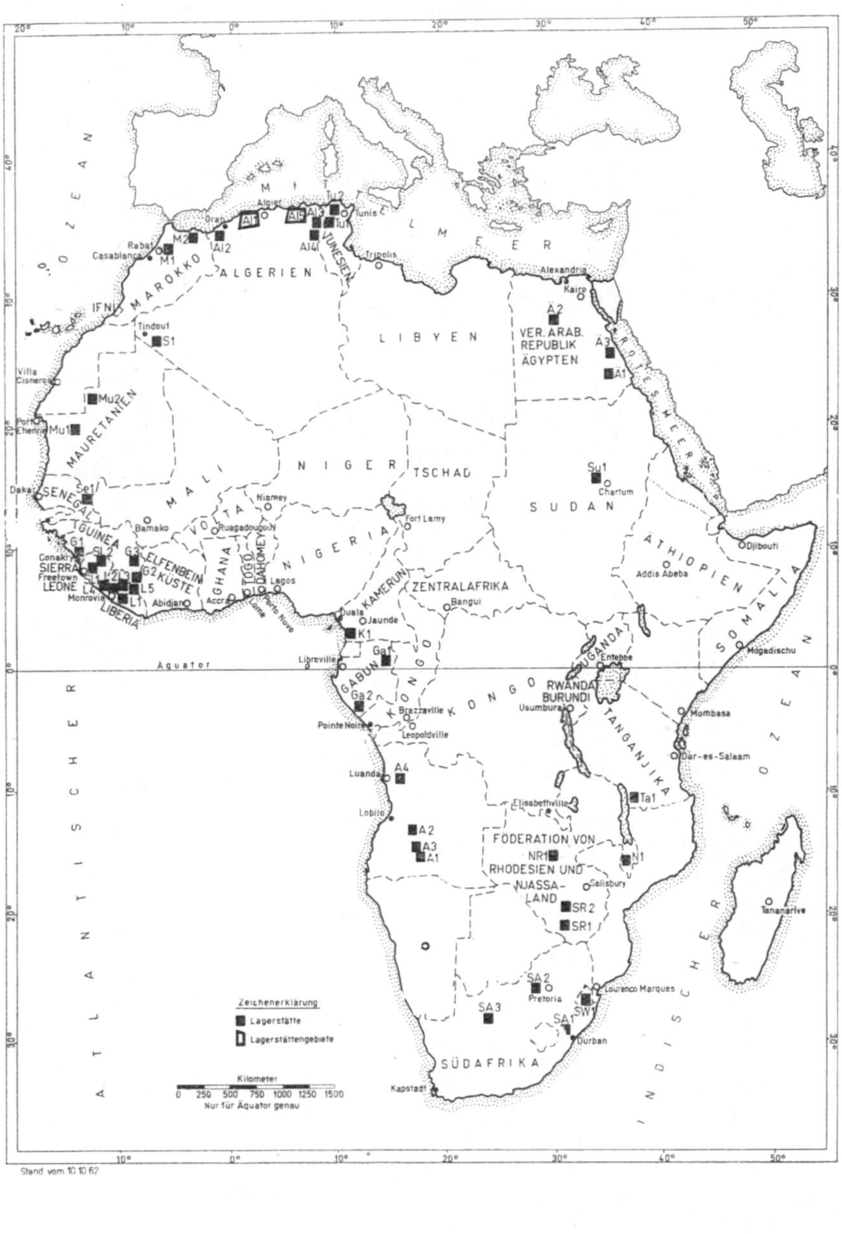

Zeitschrift für angewandte Geologie (1962) Heft 12

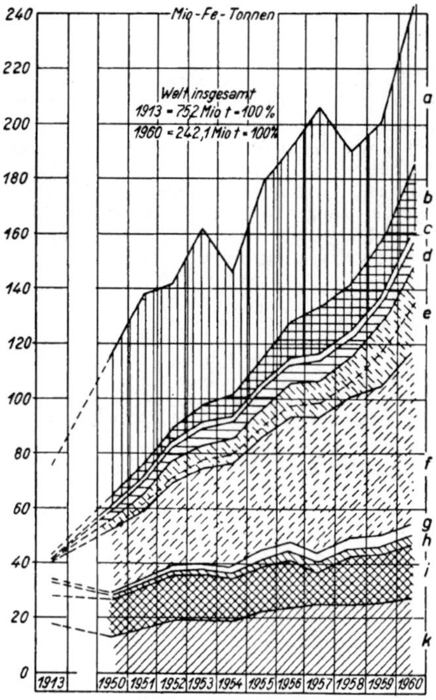

a und b – Amerika insgesamt 1913: 33,4 Mio t = 44,5%, 1960: 81,8 Mio t = 33,7%
a – Nordamerika 1913: 32,4 Mio t = 43,2%, 1960: 58,2 Mio t = 24,0%
b – Mittel- und Südamerika
c – Australien 1960: 2,5 Mio t = 1,0%
d – Afrika 1960: 8,9 Mio t = 3,8%
e – Asien insgesamt: 1960: 31,5 Mio t = 13,0%, davon Volksrepublik China 1960: 18,0 Mio t = 7,4%
f – UdSSR 1913: 6,0 Mio t = 8,0%, 1960: 62,0 Mio t = 25,6%
g – Sonstiges Europa (ohne UdSSR)
h – Spanien, Türkei, Griechenland
h, i und k – OEEC-Länder 1913: 32,7 Mio t = 43,5%, 1960: 50,9 Mio t = 21,1%
i – EFTA-Länder 1913: 10,4 Mio t = 13,9%, 1960: 19,5 Mio t = 8,1%
k – EWG-Länder 1913: 17,3 Mio t = 23,0%, 1960: 28,4 Mio t = 11,7%

Tabelle

Zeichen auf der Karte	Name der Lagerstätte oder des Lagerstättengebietes	Art der Lagerstätte u. Gehalte	Förderung 1000 t	Vorräte Mill. t
	1. Tunesien			
Tu 1	Djerissa	metasom. Lager von Hämatit u. Limonit in Kreidekalken, 47 bis 55% Fe, P-arm,	800	15
Tu 2	Douaria/Tamera	Hämatiterz mit 50 bis 55% Fe	200	5
	2. Algerien			
Al 1	Zaccar	metasom. Lager von Hämatit und Limonit in Kreidekalken, 50–55% Fe, P gering	500	ca. 4,5
Al 2	Beni Saf		200	1,5
Al 3	Khanguet			4
Al 4	Quenza-Bou Khadra		1000	120 (sicher)
Al 5	Timezrit		200	2
	3. Marokko			
M 1	Ait Amar	ordoviz. Oolitherze 43% Fe, 0,7% P, 15% SiO_2	200	10
M 2	Gebiet Melilla (Rif)	metasom. Lager in Jurakalken, Hämatiterz, 55–60% Fe, P sehr gering	800	60
	4. Sahara			
S 1	Tindouf (Gara Djebilet)	devon. Oolitherze 57% Fe, 0,8% P, 4,6% SiO_2		800
	5. Mauretanie			
Mu 1	Akjouit	Magnetit- u. Hämatitlinsen im Präkambrium		21
Mu 2	Fort Gouraud (Kedia d'Idjil)	Hämatitbändererz im Präkambrium, 62% Fe, 0,04% P, S u. Mn sehr gering		120 (sicher)
	6. Senegal			
Se 1	Kéniéba	Eisenerze mit stellenweise bis 60% Fe im Präkambrium		100
	7. Guinea			
G 1	Conakry (Kaloum-Halbinsel)	laterit. Eisenerz, 47% Fe, 0,02–0,04% P, reichl. 1% Cr u. 0,1% Ni	700 bis 1000	200
G 2	Mt. Nimba	Quarzbändererze		200
G 3	Simandou	Quarzbändererze		300
	8. Sierra Leone			
Sl 1	Merampa	Hämatitbändererz im Präkambrium, 55% Fe, 0,04% P	1500	94
Sl 2	Tonkolili (Simbili u. Marampon)	Hämatit-Magnetit-Bändererz im Präkambrium, 53% Fe, 0,1% P, 3–5% SiO_2		103,6
	9. Liberia			
L 1	Bassa Hills	präkambr. Bändererze		50
L 2	Bomi Hills	Hämatit-Magnetit-Erz im Gneis, 63 bis 65% Fe, 0,06% P, 3,3% SiO_2	2000	150
L 3	Bong Range	präkambr. Hämatitbändererze, Konzentrat mit 64% Fe	(3000)	260
L 4	Mano River	präkambr. Magnetit-Amphibolite, 55% Fe		250
L 5	Nimba Mountains	präkambr. Hämatitbändererze, 63% Fe	(6000)	200 (gemessen)
	10. Kamerun			
K 1	Kribi	präkambr. Bändererze		100
	11. Gabun			
Ga 1	Mekambo	präkambr. Bändererz, Reicherz mit 63% Fe u. 6% SiO_2		200 (nachgewiesen)
Ga 2	Tschibanga	präkambr. Bändererze, Aufbereitungserz mit 43% Fe		112
	12. Kongo			
	am oberen Ituri:			
	Mt. Ami	Hämatiterze mit über 45% Fe auf gebänderten Eisensteinen		770
	Mt. Go			50
	Yedi			25
	Mt. Gobu			44
	am oberen Uele (Kibali)			
	Mt. Kodo	vorw. Hämatiterz, Magnetitquarzit	üb. 68 % Fe	300
	Mt. Maie	Hämatiterz, Magnetitquarzit		48
	Mt. Tina	Hämatiterz		1000
	13. Angola			
A 1	Cassinga	präkambr. Bändererze	(300)	300
A 2	Cuima	präkambr. Bändererze, 63% Fe, 0,02% P	550	6
A 3	Dongo	Brauneisenerz		120
A 4	Mbassa			10
	14. Südwestafrika			
	Elisenhöhe und Tsatsachas	präkambr. Bändererze, ca. 40% Fe, 0,1% P		50

Zeichen auf der Karte	Name der Lagerstätte oder des Lagerstättengebietes	Art der Lagerstätte u. Gehalte	Förderung 1000 t	Vorräte Mill. t
	15. Südafrikanische Union			
	Thabazimbi	präkambr. Hämatitbändererze, 62,5% Fe, 0,04% P u. 6,9% SiO_2		70
SA_3	Sishen	präkambr. Bändererze, z. T. sekundär angereichert, 60 bis 62% Fe, 9–10% $SiO_2 + Al_2O_3$	3000	500
SA_2	Pretoria und Potchefstroom	Oolithische Magnetit-Hämatit-Chamosit-Erze in 3 Horizonten der Pretoria-Serie, 50% Fe, 0,2 bis 0,5% P		1000
	Bushveld	Titanomagnetitbänder mit über 50% Fe, 12–20% TiO_2, bis 1% V_2O_5		1000
	davon: Stoffberg bei Middelburg	Titanomagnetit mit 1,6% V_2O_5	(2000 t V_2O_5)	
	Zusammenfluß von Tugela und Mambula, Natal	Titanomagnetit mit bis 20% TiO_2		
	16. Swaziland			
SW_1	Bonvou Ridge	präkambr. Bändererze mit 48% Fe u. 22% SiO_2	(1200)	100
	17. Rhodesien			
SR_2	Que Que	präkambr. Bändererze	(100)	
SR_1	Bukwe	präkambr. Bändererze		
	Mumbwa	präkambr. Bändererze		
	18. Tanganjika			
Ta_1	Liganga	Titanomagnetiterz in Gabbro, 50% Fe, 13% TiO_2, 0,4% V_2O_5	1000 (?	
	19 Sudan			
	Wadi Halfa	Hämatitlager in d. Nubischen Serie		
Su 1	Iebel Abu Tulu östl. El Fula	Magnetit-Hämatit-Lager in der Nubischen Serie mit 60% Fe		10
	20. Ägypten			
Ä 1	Assuan	Oolithisches Hämatiterz in d. Nubischen Serie mit ca. 40% Fe, 1,5% P u. 15–20% SiO_2	300	30 (sicher)
Ä 2	Bahrija am Gebel Ghoradi	tertiäres Limoniterz mit etwa 40% Fe u. 3% Mn		vielleicht bedeutend
Ä 3	Kosseir	kieseliges Hämatiterz in gefalteten algonkischen Schichten mit 43% Fe u. 25% SiO_2		einige
	21. Nordrhodesien			
NR 1	Lusaka	Laterit- u. Magnetiterze, 25–65% Fe		200
	22. Njassaland			
N 1	Mindale Hill	Hämatit-, Magnetiterz, Brauneisenstein		

Havemann & Reh

Erdöl/Erdgas

Aufschlußbohrung Preetz 1 ölfündig

Etwa 15 km nördlich des Ölfeldes Plön wurde am Westrand des ostholsteinischen Troges mit der Bohrung Preetz 1 eine neue Erdöllagerstätte aufgefunden. In einer Teufe von 2534–2548 m erbrachte die Bohrung aus dem petrographisch gut ausgebildeten Dogger β-Hauptsand durch eine 3-mm-Düse einen Zufluß von rd. 30 t/Tag Öl (spez. Gewicht 0,878) bei Übertagedrücken von 40 bis 45 atü. Die beiden Schluffsande des Dogger β sind ebenfalls als Trägergesteine entwickelt, jedoch noch nicht in Förderung genommen worden. Da die Bohrung die Lagerstätte etwa 300 m unter der Unterkreidetransgression antraf, wird eine größere Ausdehnung des Vorkommens vermutet. Die Folgebohrung in der südlichen Fortsetzung soll über die Breite des zukünftigen Ölfeldes Aufschluß geben. D.

Bedeutende Erdgasfunde in Italien

Bedeutende Erdgasfunde waren in letzter Zeit in Italien zu verzeichnen. So stehen im Adriatischen Meer vor Ravenna bereits drei Küstenvorlandbohrungen in Produktion. Die zuletzt abgeteufte Bohrung erbringt 75000 m^3/Tag Erdgas. Mit der Abteufung einer weiteren Bohrung wurde begonnen.

In Mittelitalien wurde bei Vasto an der Adriaküste des Abruzzengebietes ein ergiebiges Vorkommen entdeckt, dessen Reserven vorerst auf 12,5 Mrd. m^3 geschätzt werden. Auch bei Cupello (Chiti) wurde Erdgas aufgefunden. — Ein weiteres aussichtsreiches Erdgasfeld wurde bei Pisticci (Lucania) in der Nähe des bereits 1958 entdeckten Feldes Ferrandina erbohrt. — Die Vorräte des Feldes bei Gagliano nahe Enna (Sizilien) werden auf mindestens 10 Mrd. m^3 geschätzt. Die Erdgasreserven der Vorkommen bei Vasto, Pisticci, Ferrandina und Gagliano werden auf insgesamt 30 Mrd. m^3 geschätzt. Die neuen Funde ermöglichen eine wesentliche Verbesserung der italienischen Erdgasversorgung, die sich bisher fast ausschließlich auf die Förderung der Po-Ebene (6,4 Mrd. m^3 im Jahre 1960) stützte. Die Felder Ferrandina und Pisticci sollen durch eine 306 km lange Pipeline für 455 Mill. m^3/Jahr Erdgas mit Rom und durch Zweigleitungen mit Terni und Narni verbunden werden. Auch für die Felder Vasto und Cupello ist eine Verbindung mit Rom und Terni vorgesehen. D.

Weitere Ölfunde in der Sahara

Rund 90 km südwestlich des Erdgasfeldes Hassi R'Mel wurde die Bohrung Bel Keitaie 1 fündig. Förderversuche erbrachten aus einer Teufe von 2130 m 55 m^3/Tag Erdöl; aus einer Teufe von 2250 m strömte Erdöl in größerer Menge zu. Die Bohrung dient der Erkundung des Devons im westlichen Teil der Sahara.

100 km südöstlich des Erdölfeldes Hassi Messaoud (östlicher Teil der Sahara) wurde eine ölführende Sandformation in 2630 m Teufe angetroffen; Produktionsversuche erbrachten rd. 85 m^3/Tag Öl.

10 km östlich des Ölfeldes Ohanet wies die Bohrung Askarène 101 devonische Öl- und Gasvorkommen in einer Teufe zwischen 2423 und 2472 m nach. D.

Moonie-Folgebohrungen (Australien) erfolgreich

Die auf dieselbe Struktur wie die Fundbohrung Moonie 1 rd. 1 km von dieser entfernt angesetzte Aufschlußbohrung Moonie 2 stieß auf zwei ölführende Schichten im triassischen Bundamba-Sandstein. Die obere Zone (1720–1729 m), die bei Moonie 1 nicht produktiv war, erbrachte bei einem Gestängetest 412 m^3/Tag Öl. Aus der unteren Zone (1766 bis 1776 m), aus der auch Moonie 1 fördert, strömten 221 m^3/Tag Öl und 6800 m^3/Tag Gas zu. Auch die rd. 2,3 km nordöstlich von Moonie 1 niedergebrachte Bohrung Moonie 3 hatte Erfolg. Ein Fördertest erbrachte einen Zustrom von rd. 240 m^3/Tag Öl (spez. Gewicht 0,806) aus der unteren Bundamba-Formation (1783–1791 m). D.

Sonstiges

Entwicklung der Steinkohlenförderung in der Sowjetunion

Bis 1980 soll die Steinkohlenförderung im Kusnezker Steinkohlenbecken auf 180 Mill. t gesteigert werden. 1960 betrug die Förderung 81,2 Mill. t. Die Förderung von Kokskohle soll von 28,5 Mill. t 1960 auf 113 Mill. t im Jahre 1980 erhöht werden. Die Braunkohlenförderung des Reviers von Itatsk soll auf 80–100 Mill. t erhöht werden. Bis 1970 ist beabsichtigt, die jährliche Hydroförderung auf 30 Mill. t zu steigern. D.

Kohlenförderung Bulgariens

Die Kohlenförderung Bulgariens wird 1962 von 19 Mill. t auf 21,6 Mill. t ansteigen. Die 1962 in Betrieb genommenen neuen Schächte haben eine jährliche Förderkapazität von insgesamt 5,55 Mill. t. Hiervon entfallen 5,1 Mill. t auf „Lignitkohle". Die Schwerpunkte des bulgarischen Kohlenbergbaues liegen im Maritza-Kohlenbecken, wo der Tagebau Trojanowa I bereits den Bedarf des Wärmekraftwerkes Maritza Ost I deckt. D.

Entwicklung der Welt-Kobaltgewinnung

Die Welt-Kobaltgewinnung hat sich in den vergangenen Jahren wie folgt entwickelt (in t Kobaltgehalt):

	1959	1960	1961
Republik Kongo	8431	8222	8400
Nordrhodesien	2152	1750	1895
Westdeutschland	1470	1489	1546
Kanada	1364	1565	1609
Marokko	1260	1339	1371
USA	1134	712	500
sonstige Länder	39	73	83
	15850	15150	15404

Die Produktionszahlen des Jahres 1961 für die Republik Kongo haben vorläufigen Charakter, ebenso handelt es sich bei den USA-Angaben für die Jahre 1960 und 1961 um vorläufige Ergebnisse. D.

Kaliförderung in Kanada

Nach fast fünfjährigen Abteufarbeiten kann jetzt bei Esterhazy in der kanadischen Provinz Saskatchewan mit der Kaliförderung begonnen werden. Es wird mit einer Jahresproduktion von 1,2 Mill. short tons gerechnet. Das Reinkali soll hauptsächlich nach den USA exportiert werden. Zur Zeit wird der kanadische Kalibedarf noch ganz durch Einfuhren gedeckt. D.

XIII. Kongreß der Gesellschaft für Mineralogie u. Geologie in der ČSSR

Der XIII. Kongreß der Tschechoslowakischen Gesellschaft für Mineralogie und Geologie fand vom 3. 9. bis 7. 9. 1962 in Nordost- und Ostböhmen statt. Traditionsgemäß hatte der Kongreß die Form einer Exkursionstagung. Es fanden vier große zweitägige Exkursionen statt. Zwei Exkursionen führten in das Kristallin, nämlich das Riesengebirgs-Isergebirgs-Kristallin und das Kristallin von Zabreh, eine Exkursion galt dem Ostrand der Innersudetischen Mulde und eine der Kreide und dem Quartär Mittelböhmens. Am Nachmittag des 5. 9. besuchten die Teilnehmer den Kuneticka Hora bei Hradec Králové. Den Exkursionsteilnehmern stand ein ausführlicher Exkursionsführer zur Verfügung, der in Kürze auch in deutscher Sprache vorliegen und an die Exkursionsteilnehmer und die Fachbibliotheken verteilt werden wird.

Am Vormittag des 5. 9. fand im Museum der Stadt Hradec Králové eine Festsitzung statt. Am Kongreß nahmen zum ersten Mal eine größere Anzahl deutscher Geologen — und zwar 27, davon 16 auf gegenseitige Einladung durch die Gesellschaft, teil — eine Frucht der Zusammenarbeit zwischen den befreundeten geologischen Gesellschaften, die seit dem Präsidententreffen der geologischen Gesellschaften des sozialistischen Lagers in Berlin und Bratislava einen starken Aufschwung genommen hat. Der nächste Kongreß wird im Herbst 1963 in Brno stattfinden. Die Exkursionen werden in das benachbarte Moldanubikum und Moravikum führen.

T. Kaemmel

Kurznachrichten

In der **VR Ungarn**, die 1960 340 Mill. m³ **Erdgas** förderte, soll die Erdgasproduktion durch die Ausbeutung neu erschlossener Felder in Mittel- und Südungarn bis 1980 auf etwa zwei Mrd. m³ und damit auf das Sechsfache gesteigert werden.

In **Bolivien** wurde erstmalig von einem südamerikanischen Unternehmen **Erdöl** erbohrt. Die von einer brasilianischen Gesellschaft niedergebrachte erste Bohrung liefert täglich 1000 barrels Rohöl.

Die Erbohrung des im März 1962 in der **Sahara** neuentdeckten **Erdölvorkommens** von Askarene östlich von Ohanet, die bei 2733 m im Gotlandium fündig wurde, hat eine Anfangsförderung von 300 m³ täglich erbracht.

Bei der marokkanischen Stadt **Mogador** wurden Versuchsbohrungen auf **Erdöl** fündig (Okt. 1961). Bis 1961 förderte Marokko etwa 70000 t Rohöl jährlich, bei einem Bedarf von ca. 400000 t. Eine Raffinerie von 1,2 Mill. t Kapazität wird gegenwärtig in der Stadt Marokko errichtet.

Bohrungen auf **Erdöl** und **Erdgas** in **Spanisch-Sahara** wurden in etwa 2000 m Teufe fündig.

Die **niederländischen Steinkohlengruben** förderten 1961 12,621 Mill. t gegenüber 12,498 Mill. t im Vorjahre und 12,071 Mill. t im Jahre 1954. Die vier Staatszechen förderten 1961 7,768 Mill. t.

Bei Khawaja-Marad im Nordosten der **iranischen** Provinz Khorassan wurde ein **Uran**erzvorkommen gefunden, über dessen Umfang noch nichts bekannt ist.

Bei Loughrea in **Irland** wurde ein **Blei-Silber-**Vorkommen erschlossen. Die Bohrung durchstieß eine etwa 30 m mächtige Erzschicht mit 13,2% Blei, 0,26% Kupfer, 1,5% Zink und 1,92 Unzen Silber pro short ton.

Der Komplex der **süd- und ostasiatischen Länder** (ohne UdSSR) mit den Hauptländern China, Japan und Indien, hinzugenommen Australien, hat 1961 eine **Rohstahlproduktion** von 60 Mill. t = 17% der Weltproduktion (355 Mill. t) erreicht, während die Stahlexporte der USA und Westeuropas nach diesen Ländern ständig zurückgingen.

Nach einem in **Brasilien** vorliegenden Regierungsvorschlag sollen dort der Transport und Export von **Eisenerz** staatlich monopolisiert werden und die staatseigene Cia. Vale do Rio Doce eine Transportpriorität erhalten. Konzessionen für Bergbauprojekte mit weniger als 51% staatlicher Beteiligung sollen künftig nicht erteilt werden.

Indien plant in dem wiedergewonnenen Goa, das reich an Eisenerzen ist, ein **Stahlwerk**. Große Mengen Eisenerz wurden bisher nach Japan, Westdeutschland und Italien verschifft.

Die **mexikanische Silberproduktion** ist von 47,6 Mill. Unzen (1958) auf 42,0 Mill. Unzen (1961) zurückgegangen, während die USA ihre Produktion von 36,8 auf 41,0 Mill. Unzen steigern konnten. Westdeutschland importierte fast die Hälfte der mexikanischen Produktion.

Die **Kupfererzförderung** in **Österreich** ist 1961 gegenüber 139600 t (1960) auf 129800 t zurückgegangen, während die Elektrolytkupfererzeugung von 11760 auf 11868 t und die Raffinadekupfererzeugung von 2988 auf 3204 t anstieg.

Drei in **Nordqueensland** (Australien) entdeckte Vorkommen von alluvialem **Zinn** werden auf Vorräte von 76,5 Mill. m³ zinnhaltigen Erzen geschätzt.

Aus den neuentdeckten **Zinkvorkommen** in **Nordkanada** werden nach Fertigstellung der Eisenbahn nach Pine Point ab 1966 eine Jahreslieferung von 215000 short tons Blei- und Zinkkonzentraten, aus dem im Bathurst-Gebiet entdeckten Vorkommen ab 1963 eine Tagesförderung von 3000 sh. t erwartet.

In den **USA** erreichte der Verbrauch von **Nickel** im letzten Quartal 1961 einen Höchststand, während er in Westeuropa gegenüber 1960 etwas zurückging.

Die **Weltproduktion** von **Titan** ist in 15 Jahren auf das Hundertfache gestiegen, betrug 1961 etwa 15000 t und wird bis 1970 voraussichtlich auf 60000 t steigen. In der ČSSR, die über eigene Vorkommen verfügt, wurde die Technologie der Titanerzeugung befriedigend gelöst.

Die an der **italienischen Aluminiumerzeugung** (1961: 83460 t) mit 61,3% beteiligte Montecatini-Gruppe plant den Bau eines Aluminiumwerks in Sardinien mit einer Jahreskapazität von 100000 t.

In den nächsten Heften der Zeitschrift für angewandte Geologie

erscheinen u. a. folgende Beiträge

Allen unseren Lesern, Freunden und Autoren wünschen wir

Ein erfolgreiches Jahr 1963

Redaktion der ZEITSCHRIFT FÜR ANGEWANDTE GEOLOGIE

*

Всем нашим читателям, друзьям и авторам желаем

Успеха в 1963 году

Редакция ZEITSCHRIFT FÜR ANGEWANDTE GEOLOGIE

*

To all Our Readers, Friends and Authors

Best Wishes for a Prosperous Year 1963

ZEITSCHRIFT FÜR ANGEWANDTE GEOLOGIE, Editorial Department

An unsere Leser!

Zusammen mit diesem Heft werden kostenlos eine Einbanddecke und das Inhaltsverzeichnis für Band 8 unserer Zeitschrift ausgeliefert. Sollten einige unserer Abonnenten nicht in den Besitz der Einbanddecke gelangen, bitten wir, sich mit der Vertriebsabteilung des Akademie-Verlages in Verbindung zu setzen. Die Redaktion

Herausgeber: Staatliche Geologische Kommission und Zentrale Vorratskommission für mineralische Rohstoffe der Deutschen Demokratischen Republik. Für die kollektive Chefredaktion: Dr. K. KAUTER (Redaktionssekretär), Berlin. Redaktion: Berlin N 4, Invalidenstraße 44. Verlag: Akademie-Verlag GmbH, Berlin W 8, Leipziger Straße 3—4 (Fernsprecher 220441, Telex 011773, Postscheckkonto: Berlin 35021). Bestellnummer des Heftes 1047/8/12. Die „Zeitschrift für angewandte Geologie" erscheint monatlich. Bezugspreis 2,— DM je Heft. — Satz und Druck: Druckhaus „Maxim Gorki", Altenburg. Veröffentlicht unter der Lizenznummer ZLN 5008 des Ministeriums für Kultur. Karten: MdI der DDR, Nr. 7852 und 8043.